U0348756

特色农业与气象系列丛书

丛书主编：王春乙

橡胶生产气象保障技术

张京红　李伟光　邹海平　白　蕤　陈小敏　编著

气象出版社

China Meteorological Press

内容简介

本书针对橡胶生产过程的特点,从理论和实践上对橡胶生产气象保障技术进行了系统分析和深入研究。介绍了国内外橡胶树主要品种与地理分布,分析了气象条件对橡胶树生长发育的影响以及橡胶生产过程中气象保障需求,系统阐述了橡胶树生长状况监测、橡胶农用天气预报、气象灾害识别、病虫害防治与气象的关系、橡胶主要气象灾害及风险区划、橡胶主产区精细化农业气候区划等技术方法,探讨了橡胶产量形成气候适宜性评价方法,介绍了天气指数在橡胶农业保险中的应用,阐述了橡胶林分布遥感提取、物候和长势遥感监测、寒害遥感监测等橡胶生产气象保障中的遥感应用技术。本书可供相关行业的科研业务人员以及气象部门的橡胶气象业务服务工作者以及参考使用。

图书在版编目(CIP)数据

橡胶生产气象保障技术 / 张京红等编著. -- 北京:气象出版社, 2024. 6. -- (特色农业与气象系列丛书 / 王春乙主编). -- ISBN 978-7-5029-8338-3

Ⅰ. S165;S794.1

中国国家版本馆 CIP 数据核字第 20241JM123 号

Xiangjiao Shengchan Qixiang Baozhang Jishu
橡胶生产气象保障技术

张京红 李伟光 邹海平 白 蕤 陈小敏 编著

出版发行:气象出版社
地　　址:北京市海淀区中关村南大街 46 号　　　　邮政编码:100081
电　　话:010-68407112(总编室)　010-68408042(发行部)
网　　址:http://www.qxcbs.com　　　　E-mail:qxcbs@cma.gov.cn
责任编辑:张锐锐 吕厚荃　　　　　　　　　　终　审:张 斌
责任校对:张硕杰　　　　　　　　　　　　　　责任技编:赵相宁
封面设计:艺点设计
印　　刷:北京盛通印刷股份有限公司
开　　本:710 mm×1000 mm　1/16　　　　　　印　张:12.25
字　　数:251 千字
版　　次:2024 年 6 月第 1 版　　　　　　　　印　次:2024 年 6 月第 1 次印刷
定　　价:98.00 元

《特色农业与气象系列丛书》编委会

主　编： 王春乙

副主编： 姜　燕　王培娟

顾　问： 徐祥德

编　委（按姓氏笔画排序）：

马宏伟	马青荣	马国飞	王　刚	王　华
王　静	王立为	王雪姣	王景红	文　彬
邓爱娟	左　晋	冯利平	匡昭敏	成　林
吕厚荃	朱　勇	任传友	邬定荣	刘　敏
刘　静	刘志雄	刘荣花	刘跃峰	刘瑞娜
安　炜	祁　伟	许　莹	孙东磊	杨　凡
杨　军	杨　凯	杨　超	杨太明	杨世琼
杨建莹	李　春	李　莉	李　楠	李　燕
李　霞	李　鑫	李云鹏	李化龙	李伟光
李旭旭	李兴华	李红英	李丽纯	李丽容
李彤霄	李迎春	李茂松	李新建	宋艳玲
张　羽	张加云	张京红	张学艺	张柳红
张晓煜	张继权	张维敏	张黎红	陈　辰
陈　惠	武荣盛	欧钊荣	金志凤	金林雪
赵玉兵	胡雪琼	姚树然	姚艳丽	袁小康
袁福香	徐梦莹	高西宁	高　岩	郭建平
郭春迓	黄淑娥	符　昱	梁　燕	董航宇
董朝阳	樊高峰	黎贞发	薛晓萍	穆　佳

总　序 /////

习近平总书记强调"粮食安全是'国之大者'"。粮食安全是国家安全的重要基础，也是我国经济社会发展的"压舱石"。党中央、国务院高度重视粮食安全问题，始终把解决人民吃饭问题作为治国安邦的首要任务。以习近平同志为核心的党中央立足世情、国情、粮情，确立了"以我为主、立足国内、确保产能、适度进口、科技支撑"的国家粮食安全战略。在 2022 年全国"两会"期间，习近平总书记再次指出，"要树立大食物观""在确保粮食供给的同时，保障肉类、蔬菜、水果、水产品等各类食物有效供给"。"大食物观"拓展了传统的粮食边界，指导我们从更广的维度认识和把握国家粮食安全。

特色农业是以资源为基础、以科技为支撑、以规模化生产和品牌化经营为手段、将区域内特有的农产品转化为特色商品的现代农业，近年来以其独特的区位优势资源、独特的产品品质和高效的经济价值得到迅速发展，形成了从特色作物种植、水产养殖，到规模化生产、加工、贮运、销售的完整产业链，在精准扶贫和乡村振兴中发挥了重要作用，是保障国家粮食安全、促进现代农业经济发展的重要抓手。《国务院关于印发气象高质量发展纲要（2022—2035 年）的通知》（国发〔2022〕11 号）要求，提高气象服务经济高质量发展水平，实施气象为农服务提质增效行动。强化特色农业生产气象保障技术应用是气象部门落实《气象高质量发展纲要（2022—2035）》，服务于国家粮食安全、乡村振兴、改善民生等国家战略的重要举措。

近年来，特色农业产值已发展到我国农业总产值的 50% 以上，产区覆盖了 94% 的重点脱贫县。特色农业产区地域性强，经济价值高，对生长环境要求独特，气象条件对特色农产品影响远大于普通农作物，使得特色农业气象服务尤为重要。然而，特色农产品产区农业基础设施普遍偏差，作物抗灾能力弱，也制约着特色农业产业的发展，迫切需要提高特色农业气象服务保障能力。2017 年和 2020 年，中国气象局和农业农村部联合，分两批建立了 15 个特色农业气象服务中心；2024 年，中国气象局与农业农村部、国家林业和草原局联合，建立了第三批 10 个特色农业气象服务中心。针对国家粮食安全和重要农产品有效供给的重大战略需求，面对气候变化、农业供给侧结构性改革和民生需求，以及国际贸易复杂多变的形势，各特色农业气象服务中心围绕着与国家安全相关的油料和橡胶等重要农产品、关乎民生的"菜篮子"

"果篮子"和居民生活品质的特色农产品,开展农业气象监测、气象灾害预警及风险评估、农业保险、产量预报和品质评估、农用天气预报、农业气候区划等关键气象保障技术研发,实现特色农产品生产全程气象保障的精细化、多元化、特色化服务,为保障国家粮食安全、满足民生需求、降低气候变化影响风险、促进区域可持续发展等提供了科学依据和数据支撑,在促进农业增产、农民增收、农村繁荣和社会主义新农村建设中发挥了重要作用。

"十三五"期间,科技部启动了"主要经济作物优质高产与产业提质增效科技创新"重点研发计划。由中国气象科学研究院原副院长王春乙研究员为首席科学家,联合国内多所高校、科研院所、业务单位、相关企业,组建研究团队,成功获批了重点研发计划项目"主要经济作物气象灾害风险预警及防灾减灾关键技术"(2019YFD1002200)。经过项目组近四年的科研攻关,结合各特色农业气象服务中心十几年的科研业务服务积累,形成了本丛书。丛书由王春乙担任主编,由各特色农业气象服务中心和"十三五"国家重点研发计划项目的技术负责人担任各分册主编,全面展现近年来气象部门在特色农业气象保障技术方面取得的一系列创新性成果,系统阐述种植业、养殖业、设施农业、都市农业等特色农业气象的新技术、新方法,是一套学术水平高、创新性和适用性强的专业丛书,对进一步拓展气象为农服务领域、提高气象为农服务科技水平具有很好的参考作用。为此,我谨向该丛书的作者和气象出版社表示衷心的感谢。

中国工程院院士　徐祥德
2024 年 2 月

前　言/////

　　天然橡胶是国防和经济建设不可或缺的战略物资和稀缺资源。我国是世界第四大天然橡胶种植国和第五大天然橡胶产胶国。2022 年国内天然橡胶种植面积为1682 万亩①,产量 85.6 万 t,种植区集中在云南、海南和广东。海南总体种植橡胶树的面积大致 780 万亩,云南总体种植橡胶树面积 860 万亩。在自然环境下橡胶树的生产能力除受本身的生物学和土壤特性等限制外,主要受气候因子的影响,橡胶树产量的波动与气候因子的变化密切相关。因此,开展橡胶树生长生产气象保障服务,保障天然橡胶安全生长和产胶量,对于保障国家重要物资供应具有十分重要的意义。

　　本书针对橡胶生产过程气象保障特点,从理论和实践上对气象保障技术进行了系统分析和深入研究。介绍了国内外橡胶树主要品种与地理分布,分析了气象条件对橡胶树生长发育的影响、橡胶生产过程中气象保障需求,系统阐述了橡胶生产过程中橡胶树生长状况监测、气象灾害识别、病虫害防治与气象的关系,制作了橡胶主要气象灾害及风险区划、橡胶主产区精细化农业气候区划,探讨了橡胶气候产量评价及预报技术,结合实际生产介绍天气指数在橡胶农业保险中的应用情况,遥感在海南橡胶生产气象保障中的应用情况,包含橡胶林分布遥感提取、长势遥感监测、物候遥感监测和寒害遥感监测等。

　　本书是中国气象局和农业农村部联合认证的橡胶气象服务中心针对橡胶气象保障关键技术领域的研究成果和实践经验的全面梳理。它旨在为气象部门及相关单位提供橡胶种植与生产气象保障服务的专业指导,协助橡胶种植企业和农户科学合理地应对气候变化、精准安排橡胶生产相关的农事活动,从而有效预防或减轻因气象灾害带来的损失,提升橡胶种植业对气候条件的适应能力和风险管理水平。通过本书的应用推广,将有助于提高橡胶种植趋利避害的科技含量,优化橡胶生产过程中的气候资源利用效率,进而显著增强橡胶产业的经济效益。

　　《橡胶生产气象保障技术》共分为 10 章,由全国橡胶气象服务中心多位专家编写。本书总体框架由张京红、李伟光设计,李伟光负责总统稿。各章节的编著者如

---

　　①　1 亩＝1/15 hm²。

下;第1章橡胶生产概况由邹海平编写;第2章橡胶生产与气象由邹海平编写;第3章橡胶生长发育气象监测由白蕤编写;第4章橡胶农事活动天气预报由陈小敏、白蕤编写;第5章橡胶主要气象灾害及风险区划由陈小敏、白蕤编写;第6章橡胶主产区精细化农业气候区划由白蕤、刘少军编写;第7章橡胶气候产量评价由陈小敏编写;第8章橡胶农业保险由李伟光编写;第9章橡胶病虫害防治由白蕤编写;第10章橡胶遥感监测技术由李伟光编写。

在编写过程中,除了吸收本研究团队近年来的研究成果外,还参考了相关领域的国内外文献、专利等;另外,橡胶气象服务中心成员单位很多专家参与了本书的修改,在此,特致以真诚感谢。

鉴于研究认识水平有限,相关工作还有待进一步深入,书中难免有疏漏不足之处,敬请广大读者批评指正,以便在后续的工作中加以改进。

编者
2024年2月

目 录 /////////

V

第 1 章

橡胶生产概况

1.1 橡胶树主要品种与地理分布

橡胶树（*Hevea brasiliensis*）为大戟科橡胶树属多年生异花授粉乔木，树高可达30 m，经济寿命高达 30～40 a，分泌的胶乳是重要的工业原料，世界上使用的天然橡胶，绝大部分由橡胶树生产。橡胶树栽培品种的优劣是关系到橡胶树能否获得高产稳产的关键。在生产上，选用优良品种是橡胶树高产稳产的基础。因此，橡胶树品种的选育至关重要。我国位于世界植胶带北缘，是世界天然橡胶研究起步较晚的区域之一，20 世纪 50 年代才开始橡胶树选育种工作。历经几十年的发展，我国橡胶树选育种工作采用引种与自主选育并重的育种策略，经历了从无到有、从简单的提纯复壮到综合农艺性状同步改良的艰难历程，最终建立起集高产多抗为育种目标，并适合中国植胶区发展的橡胶树选育种技术体系（黄华孙，2005；位明明 等，2006）。中国橡胶树主要分布在海南和云南，广东也有少量种植。各植胶区主要橡胶树品种及地理分布概况如下。

1.1.1 海南种植区

海南是国内大规模发展天然橡胶最早、产业基础最好的省份，海南 18 市、县（除三沙市外）均可种植橡胶树。海南自国外引进的橡胶树优良无性系大规模推广级品种主要有"PR107""RRIM600""GT1"和"PB86"等。海南自育大规模推广级品种主要有"海垦 1""海垦 2""文昌 217""文昌 11""热研 7-33-97""大风 95"等，中规模推广级的优良品种主要有"热研 7-20-59""热研 8-79""热研 88-13""文昌 33-24""保亭155"等，小规模推广品种主要有"热研 5-11"和"针选 1 号"等。上述自育品种在选育和推广中不仅要求产量高，而且将抗性（抗风、抗寒和抗病）作为重要的指标进行品比（王大鹏 等，2013）。海南橡胶树品种的适宜种植范围见表 1.1（位明明 等，2006）。

表 1.1　海南岛橡胶树品种适宜种植区域和规模

品种名称	推广级别	适宜种植区域
热研 7-33-97	大规模	海南岛中西部中风区大规模种植,东北部重风区中规模推广种植
文昌 217	大规模	海南岛东北部重风区大规模种植
文昌 11	大规模	海南岛东北部重风区大规模种植,东部重风区中规模推广种植
海垦 1	大规模	海南岛东北区重风区种植
海垦 2	大规模	海南岛东部和南部重风区大规模推广,其他类型区中规模推广
大丰 95	大规模	海南岛中部寒害偶发重风区大规模种植,东部重风区、南部重风区、中西部中风区和西部干旱中风区中规模种植
PR107	大规模	海南岛各类型区大规模种植
RRIM600	大规模	海南岛垦区大规模推广
RRIM712	大规模	海南岛东部、东北部重风区和中部微寒偶发重风区大规模种植
GT1	大规模	海南岛大规模种植
PB86	大规模	海南岛大规模推广
热研 7-20-59	中规模	海南岛中西部中风区中规模种植,东北部和东部重风区小规模种植
热研 8-79	中规模	海南岛轻风区中规模种植
热研 88-13	中规模	海南岛西部微寒中风区推广种植
PB260	中规模	海南岛东部重风区中规模推广
热研 5-11	小规模	海南岛中西部轻风区种植
针选 1 号	小规模	海南岛南部重风区小规模种植
RRIM623	小规模	海南岛中南部和中部、西部轻风轻寒区小规模推广
LAN873	小规模	海南岛西部干旱中风区和中部偶发重风区小规模推广种植

1.1.2　云南种植区

云南植胶区位于 21°09′—25°00′N、97°30′—105°08′E,主要包括西双版纳、临沧、德宏、红河和普洱 5 个地(州),文山和保山亦有少量种植。云南自国外引进大规模推广的橡胶树品种主要有"PR107"和"GT1"。云南自育大规模推广级品种主要有"云研 77-2""云研 77-4""云研 277-5"等,中规模推广级品种主要有"云研 73-46"等,小规模推广品种主要有"云研 73-477"和"云研 75-11"等。云南橡胶树品种的适宜种植范围见表 1.2(位明明 等,2006)。

表 1.2　云南橡胶树品种适宜种植区域和规模

品种名称	推广级别	适宜种植区域
云研 77-2	大规模	云南Ⅰ、Ⅱ、Ⅲ类型区海拔 900 m 以下,特别是中、重寒害区种植
云研 77-4	大规模	云南Ⅰ、Ⅱ、Ⅲ类型区海拔 900 m 以下,特别是中、重寒害区种植
云研 277-5	大规模	云南西部垦区的轻寒静风区种植
PR107	大规模	云南Ⅰ类型区大规模种植
RRIM600	大规模	云南垦区大规模推广
GT1	大规模	云南大规模种植
云研 73-46	中规模	云南Ⅰ、Ⅱ、Ⅲ类型区海拔 900 m 以下,特别是中、重寒害区种植
PB235	中规模	云南西部轻寒区种植
云研 73-477	小规模	云南轻、中寒害类型区种植
云研 75-11	小规模	云南轻、中寒害类型区种植

1.1.3　广东种植区

广东植胶区主要分布在广东省西部和东部地区,其中粤西植胶区位于 20°13′—22°44′N、109°35′—112°19′E,主要包括徐闻、雷州、遂溪、廉江、电白、化州、高州、信宜、阳西、阳东和阳春等市(县);粤东植胶区位于 20°27′—23°28′N、114°54′—116°13′E,主要包括揭阳、汕尾等局部地区。广东自国外引进大规模推广的橡胶树品种主要有"PB86"和"GT1"。广东自育大规模推广的品种主要有"南华 1"和"93-114"等,中规模推广的品种主要有"化 59-2"和"红星 1"等,小规模推广的品种主要有"化 1-285"等。广东橡胶树品种的适宜种植范围见表 1.3(位明明 等,2006)。

表 1.3　广东橡胶树品种适宜种植区域和规模

品种名称	推广级别	适宜种植区域
南华 1	大规模	广东轻风中寒区种植
93-114	大规模	广东植胶区中、重寒区种植
GT1	大规模	广东大规模种植
PB86	大规模	广东大规模推广
化 59-2	中规模	粤西中、重寒区种植
红星 1	中规模	广东重风中寒区和中风中寒区种植
LAN873	中规模	粤西Ⅰ、Ⅱ类型区优越环境中规模推广种植
RRIM623	中规模	广东湛江北部地区轻风区,轻、中寒区选择优良小环境中规模推广

1.2 主要产区气候概况

海南、云南和广东三省植胶区的气候概况如下。

海南岛地处热带,属热带季风海洋性气候,橡胶树分布在海南岛 18 个市、县。海南岛热量充足,年平均气温 23.1～26.3 ℃,大致呈中间低四周高的环状分布,最冷月平均气温 17.4～22.3 ℃,最热月平均气温 26.4～29.6 ℃;年平均降水量 940.8～2388.2 mm,绝大部分地区年降水量在 1600 mm 以上,降水充沛,但时空分配不均,旱季、雨季分明,雨量东多西少;日照充足,年平均日照时数 1827.6～2558.2 h,大致呈东北向西南增加趋势(王春乙 等,2014)。总体而言,海南岛是中国光照和热量条件最好的天然橡胶生产基地,但由于海南岛地处我国南海北部,易受台风袭击,每年登陆海南的台风(含热带气旋)平均为 2～3 个,台风灾害是该地区发展橡胶生产的最主要限制因素。

云南植胶区位于云南南端,纬度比世界传统植胶区的北缘偏北 6～10 个纬度,海拔高度在 200～1000 m,比世界传统植胶区的海拔高 200～800 m。年平均气温 20～23 ℃,比橡胶树原产地和东南亚植胶国家低 5～6 ℃,比海南低 1.5～4.0 ℃。月平均气温≥20 ℃的月数比原产地和东南亚植胶园国家少 4～5 个月,比海南岛少 1～2 个月。日平均气温≥10 ℃的积温比原产地及东南亚植胶园国家少 1700～2000 ℃·d,比海南少 500～1400 ℃·d。云南植胶区由于纬度偏北、海拔较高,导致橡胶树寒害问题突出,冬季低温寒害成为该地区橡胶生产的最主要限制因素(王利溥,1996)。云南植胶区光照充足,年太阳总辐射量为 110～145 kJ/cm²,年降水量为 1200～1800 mm(孟丹,2013)。

广东西部植胶区属北热带、南亚热带季风气候,年平均气温 21～23 ℃,热量条件南部稍好、北部较差,橡胶树的生长季节较短。水分条件较好,雨量分布不均匀,南部年降水量 1400～1600 mm、中部 1700～1900 mm、北部大于 2000 mm。年平均风速大于 3 m/s。广东东部植胶区气候温和清凉、雨水充沛、阳光充足,年平均气温 21～23 ℃,极端低温达 0 ℃左右,年降水量 1500～2300 mm,夏秋时节常遭受台风(含热带气旋)袭击(贺军军 等,2009)。总体而言,广东植胶区光、温、水气候条件基本满足橡胶树生长发育的要求。但因纬度偏高,热量偏低,广东植胶区冬季低温寒害严重,且因地处我国华南沿海地区,常受热带气旋袭击。因此,寒害和台风灾害是该地区发展橡胶生产的最主要限制因素。

1.3　生产概况

　　橡胶树原产于南美洲 5°N—15°S,48°—78°W 的亚马孙河流域(周兆德,2010),属典型的热带雨林树种,具有喜温怕寒、喜微风怕强风以及喜湿润等生态习性(江爱良,1983)。我国的天然橡胶生产始于 1904 年,当时云南省干崖(现盈江县)傣族土司刀安仁先生从新加坡购进橡胶树苗 8000 余株,种植在云南德宏傣族苗族自治州盈江县新城凤凰山 920 m 东南坡,后由于管理不善,橡胶园被毁,至今仅剩 1 株原始实生树幸存(宋艳红 等,2019)。同年 1904 年,有华侨曾金城从马来西亚运一批橡胶树种子回海南岛,在那大附近的洛基乡西领村栽培。1910 年,有华侨何麟书从南洋带种苗回海南岛,种植于安定县六口沟(现琼中县会山乡),1916 年开始割胶,这是中国大地的橡胶树上采割生产的最早的生胶之一。到 1937 年,海南岛已有胶园 60 多处,橡胶树 21.7 万多棵,割胶橡胶树 1.87 万株(张箭,2015)。1948 年,又有泰国华侨引进橡胶苗木 2 万棵,在云南西双版纳的橄榄坝建立橡胶园。

　　新中国成立后,中国农垦科技工作者通过科学实践,克服了植胶区热带气旋、低温、干旱等气象灾害造成的种种困难,打破了国外近百年来所谓 15°N 以北是巴西橡胶树种植"禁区"的定论,成功地在 18°—24°N 的广大地区大规模种植巴西橡胶树,并获得较高的产量。1949 年我国橡胶树种植面积仅为 0.3 万 hm²,年产干胶约 199 t。经过 70 a 的发展,2019 年中国橡胶树种植面积约 114 万 hm²,橡胶产量为 80.9859 万 t,分别比 1949 年增加了 379 倍和 4068 倍。其中,海南和云南橡胶产量分别为 33.0810 万 t 和 45.8486 万 t(http://www.stats.gov.cn/tjsj/ndsj/2020/indexch.htm),占比分别为全国的 40.8% 和 56.6%,二省的橡胶产量占全国比例高达 97.4%。广东和广西橡胶产量比例仅为 2.5% 和 0.1%。可见海南和云南是我国橡胶最主要生产地。

　　图 1.1 为全国、海南和云南橡胶产量时间变化图。由图可见,自 2003 年以来,我国橡胶产量总体呈增加趋势。其中,2008—2013 年橡胶产量增加最快,由 54.79 万 t 增加至 86.48 万 t,平均以 6.3 万 t/a 的速度在增加,之后我国橡胶产量略有下降,近几年我国橡胶年产量大致稳定在 80 万 t 左右。2013 年以来,我国橡胶产量不增反降的主要原因是橡胶价格低迷。2011 年 3 月,受欧债危机及美元持续走强的影响,国际天然橡胶市场价格以年均 20% 左右的速度持续下跌,到 2015 年 12 月,标准橡胶价格从最高 4.2 万元/t 的记录跌至 1 万元/t 左右,价格下跌持续的时间和幅度创历史纪录,至今橡胶价格仍然维持在较低水平。胶价低迷,大量胶园被弃管、弃割,导致产量下降。橡胶主产区海南 2003—2013 年橡胶产量总体呈增加趋势,2013 年之后呈下降趋势。云南 2003—2019 年橡胶产量呈增加趋势。2013 年之前云南的橡

胶产量低于海南,2013 年之后云南超过海南成为我国橡胶产量最高的地区。

　　图 1.2 为全国以及海南和云南橡胶种植面积时间变化图。由图可见,自 2003 年以来,我国橡胶种植面积总体呈增加趋势,从 2003 年的 65.9 万 hm² 增加到近 5 a 的 117 万 hm² 左右,增加将近 1 倍。橡胶主产区海南的橡胶种植面积从 2003 年 37.98 万 hm² 增加到 2019 年的 52.69 万 hm²,其中 2013 年之前海南橡胶种植面积持续增加,2013 年之后橡胶种植面积基本维持不变甚至略有下降。云南橡胶种植面积从 2003 年的 24.23 万 hm² 增加到 2019 年的 57.14 万 hm²,增加 1.4 倍,其中 2016 年之前云南橡胶种植面积持续增加,2016 年之后橡胶种植面积略有下降。2011 年之前云南的橡胶种植面积低于海南省,2011 年之后云南超过海南成为我国橡胶种植面积最大的地区。

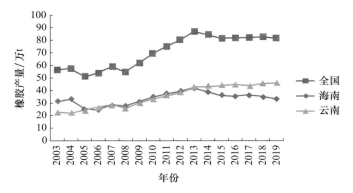

图 1.1　全国以及海南省和云南省橡胶产量时间变化

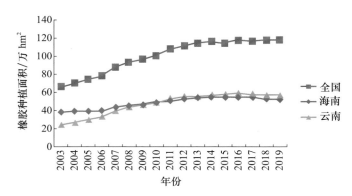

图 1.2　全国以及海南和云南橡胶种植面积时间变化

第 2 章

橡胶生产与气象

2.1 气象条件对橡胶树生长发育的影响

　　气象条件是影响作物生长发育的重要因素,各种作物对气象环境条件都有严格的要求和一定的适应范围,气象条件适宜时,对作物生长发育有利,气象条件超越作物正常生理活动的要求时,即可导致农业气象灾害的发生,从而对作物生长发育造成不利影响。如超出作物生长发育最适宜的温度条件,可使作物生长发育速率明显减慢,当超出作物所能忍受的最低或最高的临界温度时,则作物的生长发育停止,以至发生伤害或死亡(霍治国 等,2009)。

　　橡胶树原产于亚马孙河流域,该流域分布着广阔的热带雨林。植物种类繁多,无数的乔木、灌木以及草本、藤本、附生植物,组成多层次的郁闭雨林,一般有 4~5 层,多者达 11~12 层,橡胶树混杂其中,为上层树种。亚马孙河流域位于赤道附近,属赤道多雨气候,流域中下游地区年均温 25.0~27.0 ℃,最冷月和最热月均温分别为 24.0~26.0 ℃ 和 25.3~27.9 ℃,极端最低温和最高温分别为 16.0 ℃ 和 39.0 ℃;年降水量 1900~2900 mm,月降水除 7—9 月少于 100 mm 外,其余月份均在 100 mm 或 200 mm 以上。大多数月份相对湿度在 80% 以上;年平均风速 1.0~1.6 m/s;年日照时数 1966~2513 h。这种温度高而稳定、降水充沛且分布均匀、风少而小和日照适中的气候,为橡胶树生长发育提供了卓越的自然条件,同时橡胶树在系统发育过程中,也形成了要求高温、多雨、静风、光照充足的气候条件的生态习性。橡胶树自引进中国以来,经过 100 多年的栽培驯化,虽然动摇了橡胶树的保守性,使其具有较广的适应性,但其适生性仍很严格,要使其正常生长发育产胶,速生高产仍要适宜的气候条件。根据我国多年的生产实践和科学试验,将气象条件对橡胶树生长发育的影响介绍如下。

2.1.1 温度

橡胶树是典型的热带作物,对于温度的要求比较严格。在原产地或纬度较低的植胶国家,温度条件均较优越,特别是没有低温出现,因而这些国家温度不是橡胶树的限制因子。当橡胶树北移栽培至我国植胶区后,由于纬度较高(18°—24°N,个别地点到 25°N),冬季寒潮冷空气强烈,我国各植胶区都会受到不同程度的低温影响,所以温度条件的作用比较显著,直接影响到橡胶树的生长、发育、产胶以至存亡等,成为限制橡胶树地理分布的主要因素。

我国南北各植胶区的年平均温度,以南部的海南岛南部植胶区为最高,其次为海南岛北部,再其次为大陆植胶区。纬度愈低,年平均温度愈高,橡胶树生长也愈快。在海南岛南部植胶区的保亭县,抚育良好的橡胶树定植后 6～7 a 茎粗可达开割标准(茎围 50 cm),而大陆植胶区的景洪和瑞丽则定植后需 8～10 a,才达开割标准。在同一省份,温度越高,热量越充足,橡胶树生长量就越多。云南热带作物研究所 1965 年 7 月定植的橡胶树苗纵剖试验表明,定植 6 a 7 个月后,纬度更低、年均温更高的景洪的橡胶树离地 50 cm 处的茎围为 47.6 cm,比纬度高、年均温低的孟连的橡胶树茎围高出 10.6 cm,高出 28.6%(吴俊,2011)。在一年之中,温度越高,橡胶树生长量亦越多。海南保亭热带作物研究所 1983—1984 年对 1981 年定植的"RRIM600"橡胶树进行观测,发现橡胶树逐月茎围增粗量与月平均气温相关系数达 0.688。云南西双版纳景洪的橡胶树生长量与月平均气温的关系更密切,相关系数高达 0.849(高素华,1989)。此外,景洪橡胶树夏季 7—8 月的生长量为冬季 1—2 月的 7 倍多,夏半年(5—10 月)生长量约为冬半年(10 月—翌年 4 月)的 4.5 倍。

在适温范围内积温值越高,橡胶树的生长期及割胶期则越长,相应的物候期也会加快。以海南岛为例,海南岛南部气温比北部高,故南部橡胶树生长期比北部长,暖年又比冷年长。如落叶期南迟北早,叶蓬抽发期则是南早北迟,北部的萌动抽芽期比南部要迟 1 个月(高素华,1989)。

2.1.2 降水

橡胶树的枝、叶、根等组织的含水量约为全植株的 50%,幼嫩组织的含水量显著高于老化组织。胶乳中的含水量一般为 65%～75%。可见,水分条件的好坏对橡胶树生长发育和产胶十分重要。

橡胶树大都种植在没有灌溉条件的丘陵坡地上,因此,橡胶树种植属于雨养农业。大气降水是其水分供应的主要来源。根据农业气候学,降水量与作物的需水量相比较才有意义,一般用占可能蒸散量的百分比表示。大多数多年生作物生育期内的需水量为可能蒸散量的 $80\%\sim110\%$。据计算,广州、阳江、湛江、海口、南宁的年可能蒸散量为 $1168\sim1312$ mm,橡胶树的需水量以等于可能蒸散量计算,上述地区的年降水量均大于橡胶树需水量,能满足橡胶树对水分的需求(周兆德,2010)。

在我国橡胶树种植区域,一年之中,月降水量越多,橡胶树生长量亦越多。位于海南岛南部的保亭县年平均降水量为 2162.8 mm,年平均相对湿度为 82%(王春乙 等,2014)。根据保亭热带作物研究所 1983—1984 年对 1981 年定植的"RRIM600"(近年来通用的高产品系)橡胶树进行观测结果,其逐月茎围增粗量与月雨量的相关系数为0.827。西双版纳橡胶树每年的生长量和月雨量的相关系数更高,为 0.947(高素华,1989)。

橡胶树对干旱的适应能力较强。在年降雨量不足 1500 mm、相对湿度小于 70%的海南东方市、年降雨量只有 800 mm 的云南潞江地区,橡胶树仍能生长和产胶,但会受到不同程度的影响。橡胶树在遇到干旱时,会落花、落果或被迫落叶。此外,产量会降低而干胶含量可增至 40% 以上。因干旱新定植的幼树会成片死亡。在特别干旱年份,也会发生较大的幼树、开割树整株死亡和 $1\sim2$ 龄幼树提早开花的现象。

土壤水分与橡胶树生长和产胶有直接的关系。据华南热带作物科学研究院试验,壤质土壤的含水量降低到田间最大持水量的 30% 左右时,幼苗出现暂时凋萎现象,蒸腾、光合强度均降低,叶片细胞浓度提高,气孔开闭度降低;土壤含水量为田间最大持水量的 $70\%\sim80\%$ 时,橡胶幼苗生长正常。橡胶幼树(3~4 龄)最适宜生长的土壤含水量,是占最大田间持水量的 $80\%\sim100\%$。水分过多、地面积水对橡胶树生长发育亦不利。橡胶树是一种好气性强的植物,虽然有时在水淹条件下仍能生长相当长的一段时间,但水淹会使胶树的正常生理活动受到抑制,光合作用强度降低,叶片的气孔开度变小,这同缺水时的状况相似。在定期淹水或地下水位过高时,胶树生势弱,树皮灰白。总体而言,橡胶树是不耐淹的。

2.1.3　日照

日光是地球上绿色植物进行碳素同化作用可利用的唯一能源。当光照强度处于适宜橡胶树光合作用范围,光合作用强度随光照强度的增加而递增;光照强度过低,呼吸作用会超光合作用;光照强度过高,光合强度反而随光照强度的增加而下降。光合作用形成的有机物是橡胶树生长发育的物质基础,光照条件不仅影响到橡胶树的光合作用,还对橡胶树的生长发育和产量及抗逆力都有明显的影响。

橡胶树是一种耐阴性植物,但在全光照下生长良好。橡胶幼苗即使在 $50\%\sim$ 80% 的荫蔽度情况下也能正常生长,但随着树龄增长而逐渐要求更多的光照。通常在林段边缘的橡胶树,会趋光倾斜生长,而种植在谷地的橡胶树由于争得较多的阳光植株长得较高。在密植情况下（1080 株/hm²）植株间为争得充分的光照条件,高生长占优势,茎粗生长受到抑制,原生皮和再生皮生长缓慢,影响产胶量;而在疏植的情况下(120 株/hm²),光照条件充足,植株高度差异不明显,茎粗增长较快,有利于原生皮和再生皮的生长,其乳管列数相应增多,产胶能力强。但对橡胶树树皮生长来说,并不是光照越强越好,在曝晒情况下,树皮粗糙,石细胞多,乳管发育反而不良,因而不是越疏植越好。虽然单株产胶量以疏植的为高,然而为取得较高的单位面积产量,应当合理密植。橡胶树开花结果对光照条件的要求比生长的要求更高。一般来说,光照条件好,开花结果多,孤立的植株或树冠向阳一侧和树冠顶部开花结果多。

适宜的光照条件有利于橡胶树的抗逆力。以抗寒来讲,充足的光照有利于橡胶树进行糖的代谢和养分的积累,促进细胞木栓化,抗寒能力较强;光照不足时,植株机械组织发育不全,细胞壁较薄,木质化程度较差,抗寒能力差。据云南德宏热带农业科学研究所试验资料,在成龄胶园里,树干基部直射光的照射时间,由每天 4 h 逐渐减少到 1 h,橡胶树的"烂脚"寒害的严重程度就会明显增加。此外,良好的光照条件能改善橡胶林的湿度,阳光中的紫外线还有杀菌作用,对减少橡胶树的病害有良好的作用。

2.1.4 风

橡胶树性喜微风,惧怕强风。微风可调节胶林内空气,特别是促使空气交换,增加橡胶树冠层附近的 CO_2 浓度,有利其进行光合作用,但当风速超过一定限度时,就会吹皱叶片,加剧蒸腾,造成水分失调,使橡胶树不能正常生长。如过大的常年风速、冬季的寒潮风、沿海植胶区的台风和云南局部地区的阵性大风,都对橡胶树的生长和产胶有着不同程度的破坏和抑制作用,强风还会吹折、刮断橡胶树,造成严重损害。

一般而言,微风对橡胶树生长有利。但常年风速≥3.0 m/s 时,橡胶树则不能正常生长和产胶,使树型矮小,树皮老化呈灰白色,在定向常风吹袭下,可形成偏形或旗状树冠。1952 年曾在海南北部和雷州半岛大量植胶,由于常年风速较大,又没有防护林保护,定植胶苗大量死亡,只有在营造完整的防护林网以后,橡胶树才能正常生长,生产才得以发展,风速大时,水分易蒸发,割线易干,影响排胶。通常在早晨静风,凉爽时割胶,有利于排胶。割胶时风速>2 m/s,则排胶时间缩短,产量受抑制。

2.2 橡胶树农业气象指标

农业气象指标是衡量农业气象条件利弊的尺度及开展农业气象工作的科学依据和基础。橡胶树有关农业气象指标如下。

2.2.1　温度

根据华南热带作物科学研究院(现更名为中国热带农业科学院)的研究,平均气温 10 ℃时橡胶树细胞可进行有丝分裂,15 ℃为橡胶树组织分化的临界温度,18 ℃为橡胶树正常生长的临界温度,20~30 ℃适宜橡胶树生长和产胶,其中 26~27 ℃时橡胶树生长最旺盛;以实际温度计量,<10 ℃时橡胶树的光合作用停止,对树体的新陈代谢产生有害影响,25~30 ℃为橡胶树光合作用最适温度,>40 ℃时橡胶树的呼吸作用超过光合作用,生长受抑制;橡胶树胶乳合成的温度指标,以平均温度计量,18~28 ℃均可合成,其中以 22~25 ℃最适宜产胶;橡胶树排胶的适宜温度以林间温度在 19~24 ℃、相对湿度大于 80% 为最适宜。林间温度在 18 ℃以下,排胶时间延长。在 27 ℃以上时乳胶早凝,排胶时间缩短,产胶量较少;对橡胶树有害的温度方面,根据气象行业标准《橡胶寒害等级》(全国气象防灾减灾标准化技术委员会,2012)和陈瑶等(2013)等研究结果,在冷锋或(和)静止锋控制下,日照不足、风寒交加、阴冷持久,日平均气温≤15 ℃且日照时数≤2 h 时,橡胶树会出现平流型寒害;冷锋过境后,在冷高压控制下,天气晴朗,夜间强辐射降温,林间日最低气温≤5 ℃时,橡胶树便会出现辐射型寒害,如 RRIM600 的植株有少量爆皮流胶,0 ℃时树梢和树干枯死,<-2 ℃时根部出现爆皮流胶现象,橡胶树出现严重寒害。当实际温度>40 ℃时,除了造成呼吸作用增强、无效消耗多,不利于胶树生长产胶外,还直接杀伤胶树,如芽嫩叶烧伤、幼苗干枯坏死、幼树树皮烧伤、强迫落叶等。

综合以上温度指标表明,橡胶树速生、高产、光合作用的适宜温度范围为 18~28 ℃。由于橡胶树的生长和产胶都受外部和内部一系列综合因素所制约,如湿热天气有利于橡胶树生长,凉爽天气适于其排胶,而干热天气则使橡胶树生长和产胶均受到抑制,湿冷的冬寒天气会加剧胶树寒害,干冷天气相对可提高耐寒力,白天适当的高温有利于橡胶树光合作用,而夜间较高的气温则会增加呼吸消耗。故应用上述指标时,应综合地分析考虑。

2.2.2　降水

大气降水,并非全部能为橡胶树所利用。其利用率视降水强度、土壤结构、地形地物等情况而异。海南、广东、福建的降水强度大、暴雨多,降水有效利用率只能达 1/3 左右,要求年降水量在 1500 mm 以上。在云南垦区,降水强度小,多雾,其利用率稍高。如西双版纳的坝区年降水量在 1200 mm(山地稍高些),橡胶树的生长和乳胶单产甚至超过海南,所要求的水分指标,可以低到 1200 mm。年降水量>2500 mm,降水日数过多,强度大,对水土保持及割胶作业不利,一般湿度大,日照不足,也容易产生病害,不适宜植胶。综上所述,适宜橡胶树生长和产胶的降水指标,以年降水量在 1200 mm 以上为宜。年降水量在 1200～2500 mm,均可植胶和正常生长,以年降水量 1500～2500 mm、相对湿度≥80%、年降雨日＞150 d,最适宜于橡胶的生长和产胶。年降水量＞2500 mm,降水日数过多,则不利于割胶生产,且病害易流行。如以月降雨衡量水分条件,一般认为月降水量＞100 mm,月雨日＞10 d 适宜橡胶树生长,月降水量＞150 mm 最适宜生长。

2.2.3　日照

橡胶树属阳性植物,在年日照时数≥2000 h 的地区,橡胶树生长良好且产量较高。我国植胶区的年日照时数多在 1500～2000 h,比原产地略少。

橡胶树在全光照下生长良好。据华南热带作物科学研究院研究,橡胶树的光合作用强度随光照强度变化而增减。叶片的光合作用和呼吸作用达到平衡光照强度在 500～40000 lx 范围内,光合作用强度随光照强度的增加而递增,光照强度＞40000 lx 时,光合强度反而随光照强度的增加而下降,光合物质的生产效率有所下降。我国橡胶树种植区夏半年晴天下的太阳辐射较强,中午的光照强度一般都超过光饱和点。晴天光照充分相比阴天光照弱更有利产胶。冬半年我国植胶区日照显著减少,尤其是阴坡低谷,更显光照不足,对来年的产量有间接影响。栽培上尽可能选择背风向阳的坡向植胶,行距宜宽,株距可适当加密,以获取较多的光照。

2.2.4　风

常年风速方面,年平均风速＜1 m/s,对橡胶树生长有良好效应;年平均风速 1.0～1.9 m/s 对橡胶树生长没有大的妨碍;年平均风速 2.0～2.9 m/s 对橡胶树生长、产胶有抑制作用,需要造防护林加以保护;年平均风速≥3.0 m/s 严重抑制橡胶树的生长和产胶,没有良好的防护林,橡胶树不能正常生长。

强风方面,8 级以下风(＜17.2 m/s)对橡胶树影响较小,橡胶树断倒较少,主要使橡胶树嫩叶皱缩或被撕破;8～10 级风(17.2～24.5 m/s),不抗风的橡胶树品系出现断干折枝;＞10 级风(＞24.5 m/s),橡胶树普遍出现折枝、断干、倒伏。橡胶林受强风影响的破坏程度,采用风害率表示,风害率＝风害株数/总株数(刘少军 等,2016a)。刘少军等(2017)研究结果表明,橡胶风害率随风力增加而增大。一般情况下,当风力＜8 级时,橡胶树断倒较少;风力为 8～9 级时,曲线平缓上升;风力达到 10 级后,曲线急剧上升,断倒率达 13%;风力达 12 级时,断倒率达 35%;风力达到 15 级时,断倒率达 69%;风力达 16 级时,断倒率达 84%;风力达 17 级时,断倒率达 100%。大风对橡胶树的损坏程度不仅与大风本身强度有关,还与地形下垫面和橡胶栽培技术等多种因素有关。当风的水平力和橡胶树本身重量产生的垂直重力作用于橡胶树时,会造成橡胶树严重受损。橡胶树风倒现象主要表现为连根拔起、树干折断、根部折断等3种方式,同时遭受风力胁迫的橡胶树产量会下降,死皮会增加。根据海南岛橡胶树风害的灾情调查统计结果情况和海南橡胶气象服务实用技术手册,橡胶树风害与风力评价指标见表2.1。

表 2.1 风力与橡胶树风害等级

风力等级	风速/(m/s)	风害率/%
8	17.2～20.7	<5
9	20.8～24.4	5～10
10	24.5～28.4	10～16
11	28.5～32.6	16～24
12	32.7～36.9	24～33
13	37.0～41.4	33～45
14	41.5～46.1	45～55
15	46.2～50.9	55～66
16	51.0～56.0	66～80
17	56.1～61.2	≥80

2.3 橡胶主产区农业气候资源时空分布

气候变化是当今全球最严峻的环境问题之一,引起了世界各国政府和学术界的极大关注(袁海燕 等,2011)。《中国气候变化蓝皮书(2020)》指出,中国是全球气候变化的敏感区和影响显著区。气温方面,1951—2019 年,中国年平均气温每 10 a 升高 0.24℃,升温速率明显高于同期全球平均水平(中国气象局气候变化中心,2020)。20 世纪 90 年代中期以来,中国极端高温事件明显增多。农业生产的稳定发展受到气候变化的严重制约,是对气候变化最为敏感的领域之一(《第二次气候变化国家评估报告》编写委员会,2011),而农业气候资源是农业生产的基本环境条件和物质能源,直接影响农业生产过程,并在一定程度上决定了一个地区农业生产结构和布局、作物种类和品种、种植方式、栽培管理措施和耕作制度等,最终影响农业产量的高低和农产品质量的优劣(廖玉芳 等,2012;于泸宁 等,1985)。因此,了解气候变化对我国橡胶主产区农业气候资源的影响,从而分析橡胶生产中可能发生的各种资源要素的变化及后果,是研究气候变化对橡胶生产影响的首要问题。气候变化背景下我国橡胶主产区海南岛和云南省南部的农业气候资源均发生了一定程度的变化。

2.3.1 海南岛

2.3.1.1 热量资源

海拔高度是影响海南岛气温的主要因素。因此,采用气温垂直递减法(代淑玮等,2011;徐华军 等,2011)对年平均气温、1月平均气温和≥10 ℃、15 ℃、20 ℃积温进行海拔高度订正。由图2.1a、b可以看出,两个分析时段内海南岛年平均气温均大致呈由中部向沿海递增的趋势,这主要是由海南岛中央高、四周低的环形层状地貌所致(高素华 等,1988)。时段Ⅰ(1961—1980年)全岛年平均气温为23.8 ℃,时段Ⅱ(1981—2010年)为24.4 ℃,升高了0.6 ℃。由图2.1c可见,整个分析期内海南岛年平均气温呈升高的趋势,全岛各站增温率在0.15~0.35 ℃/(10 a),平均0.26 ℃/(10 a),略低于0.27 ℃/(10 a)的全国平均水平(胡琦 等,2014),且所有站点均达显著水平(P<0.05)。从各站年平均气温的气候倾向率看,总体呈现由南向北递减的态势,但北部的海口市情形相反且其气候倾向率为全岛最高,原因是海口市热岛效应明显(吴胜安 等,2013)。

与时段Ⅰ相比(图2.1a),时段Ⅱ≤22 ℃的区域面积减小了1568 km²(图2.1b)。23 ℃是橡胶生长发育的适宜年平均气温下限(高素华 等,1988),图2.1b显示,时段Ⅱ与时段Ⅰ相比,岛上>23 ℃的区域面积增大了3023 km²,增大的区域主要在中部山区。时段Ⅱ与时段Ⅰ相比,岛上>24 ℃的区域面积增大了11858 km²,增大的区域主要集中在北部市(县)。

1月是海南岛最冷月,其气温空间分布特征与年平均气温类似。时段Ⅱ内(图2.2b)岛上1月平均气温为18.8℃,比时段Ⅰ(图2.2a)升高了0.8 ℃。由图2.2c可见,整个分析期全岛各站1月平均气温也呈升高趋势,平均每10 a上升0.36 ℃,仅定安县、澄迈县和昌江县未达显著水平,中部和西南部地区较高,北部(除海口北部)、西部和东南部地区相对偏低。图2.2显示,时段Ⅱ与时段Ⅰ相比,岛上1月平均气温≤18 ℃的区域面积减小了10472 km²,减小的区域主要是北部地区;而>19 ℃和>20 ℃的面积分别增大了5476 km²和2203 km²,增大的区域分别主要集中在西部、东部地区和南部地区。

由图2.3—图2.5可见,两个分析时段内海南岛≥10 ℃、≥15 ℃、≥20 ℃积温均表现为由中部向沿海逐步递增的趋势,最低值均出现在琼中县,最高值均出现在三亚市。时段Ⅰ(图2.3a,图2.4a,图2.5a)和时段Ⅱ(图2.3b,图2.4b,图2.5b)内全岛各站≥10 ℃、≥15 ℃、≥20 ℃积温均值分别为8673.4、8054.0、6574.6 ℃•d和8903.6、8330.5、6878.5 ℃•d,时段Ⅱ较时段Ⅰ分别平均增加了230.2、276.5、303.9 ℃•d。图2.3c,图2.4c,图2.5c显示,整个分析期内本岛各站≥10、≥15、≥20积温均呈增加趋势,气候倾向率大致由南往北减少,均值分别为94.4、130.1、147.4 ℃•d/(10 a),≥10 ℃积温所有站点均达显著水平,≥15 ℃积温仅澄迈县、文昌市和定安县未达显著水平，≥20 ℃积温仅澄迈县、屯昌县和定安县未达显著水平。与时段I(图 2.3a)相比，时段II≥10 ℃积温≤8800 ℃·d 的区域面积明显减小，>8800 ℃·d 的面积明显增大(图 2.3b)。时段II较时段I≥10 ℃积温≤8500 ℃·d 的区域面积减小了 5390 km²。时段II较时段I≥10 ℃积温>9000 ℃·d 的区域面积增大了 5783 km²，增大区域主要为西部和东部沿海地区。≥15 ℃积温在 8000 ℃·d 以上橡胶生长迅速，定植后 6～7 a 可开割，时段II(图 2.4b)较时段I(图 2.4a)≤8000 ℃·d 的区域面积减小了 7481 km²，而>8500 ℃·d 的区域面积增大了 5518 km²。与时段 I 相比(图 2.5a)，时段 II ≥20 ℃积温≤6500 ℃·d 的区域面积减小了 7961 km²，>7000 ℃·d 的面积增加了 6267 km²(图 2.5b)。

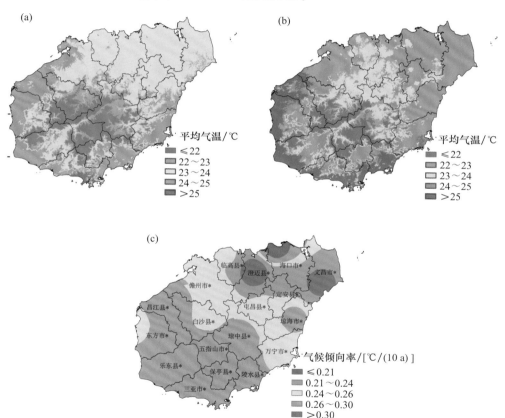

图 2.1　海南岛不同时段年平均气温及其气候倾向率的分布

(a)1961—1980 年年平均气温；(b)1981—2010 年年平均气温；(c)1961—2010 年年平均气温气候倾向率

注：* 通过 0.05 水平的显著性检验，未通过 0.05 水平的显著性检验。下同。

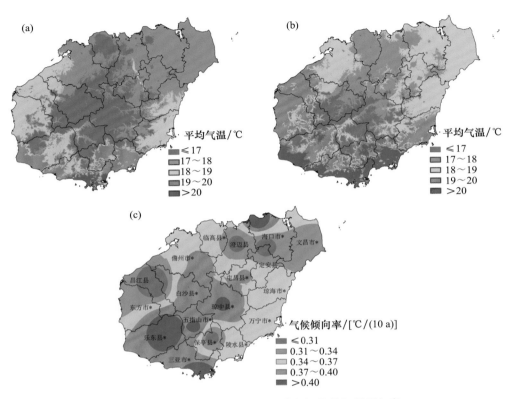

图 2.2　海南岛不同时段 1 月平均气温及其气候倾向率

(a)1961—1980 年 1 月平均气温；(b)1981—2010 年 1 月平均气温；(c)1961—2010 年 1 月平均气温气候倾向率

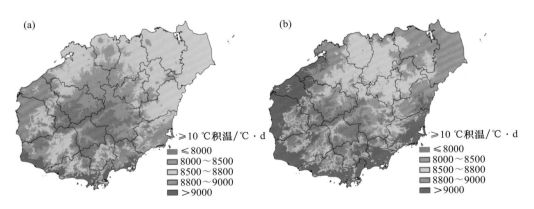

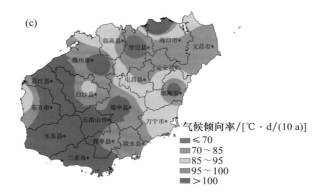

图 2.3　海南岛不同时段≥10 ℃积温及其气候倾向率分布

(a)1961—1980 年≥10 ℃积温;(b)1981—2010 年≥10 ℃积温;(c)1961—2010 年≥10 ℃气候倾向率

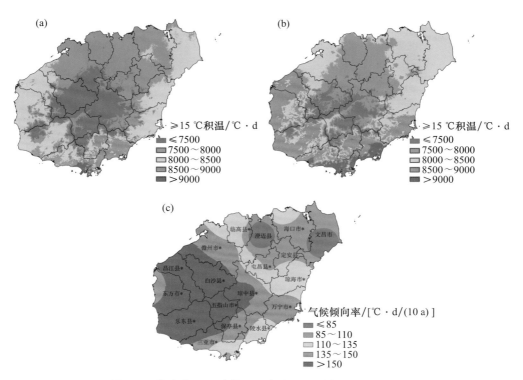

图 2.4　海南岛不同时段≥15 ℃积温及其气候倾向率分布

(a)1961—1980 年≥15 ℃积温;(b)1981—2010 年≥15 ℃积温;(c)1961—2010 年≥15 ℃积温气候倾向率

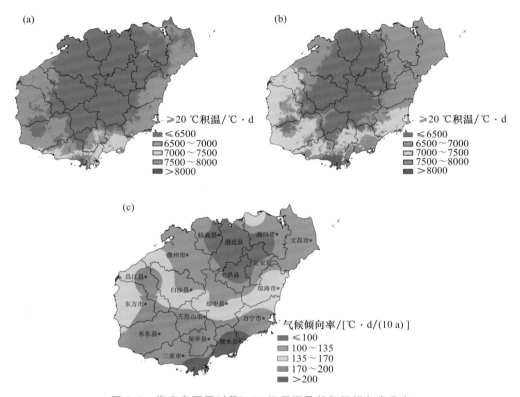

图 2.5　海南岛不同时段≥20 ℃积温及其气候倾向率分布

2.3.1.2　降水

由图 2.6a、b 可以看出,两个分析时段内海南岛年降水量大致呈经向分布,由东往西逐渐降低。时段Ⅰ(图 2.6a)和Ⅱ(图 2.6b)全岛各站年降水量分别为 980～2422 mm、949～2389 mm,时段Ⅱ均值较时段Ⅰ增加 67 mm,且高值区(>1800 mm)不断往西、北和南扩大,低值区(≤1500 mm)略微有所缩小。由图 2.6c 可见,整个分析期内本岛各站年降水量气候倾向率为−8～100 mm/(10 a),平均 40 mm/(10 a),明显高于全国均值 0.3 mm/(10 a)(矫梅燕,2014),仅中部的琼中县气候倾向率为负值,其余地区在 0～100 mm/(10 a),其中,文昌市和三亚市年降水量增加显著。与时段Ⅰ相比(图 2.6a),时段Ⅱ>2000 mm、1800～2000 mm 的区域面积分别增大了3279、1482 km²,1500～1800 mm 的区域面积减小了 3951 km²(图 2.6b)。

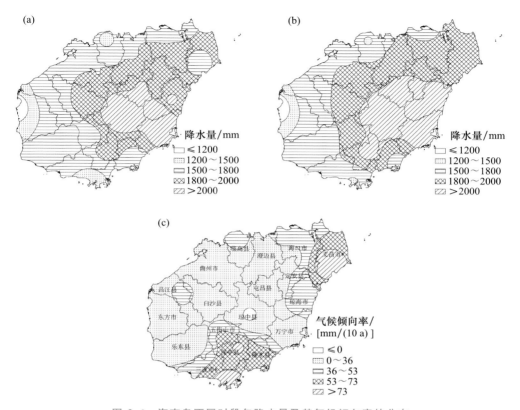

图 2.6 海南岛不同时段年降水量及其气候倾向率的分布

(a)1961—1980 年年降水量;(b)1981—2010 年年降水量;(c)1961—2010 年年降水量气候倾向率

2.3.1.3 日照

海南岛年日照时数大致呈由东北向西南增加的趋势(图 2.7a、b)。时段Ⅱ(图 2.7b)内本岛各站年日照时数在 1756～2552 h,均值为 2038 h,比时段Ⅰ(图 2.7a)下降了 117 h,且高值区(>2200 h)不断缩小、低值区(≤2000 h)不断向东北推进。由图 2.7c可见,整个分析期内本岛各站年日照时数气候倾向率为-124～45 h/(10 a),平均为-52 h/(10 a),接近全国均值-45 h/(10 a)(矫梅燕,2014),仅中部的白沙县、琼中县和五指山市的年日照时数气候倾向率为正值,其他地区在-124～0 h/(10 a),其中有 13 个站点年日照时数减少显著,气候倾向率≤-60 h/(10 a)的区域主要位于北部、东部沿海地区和南部小部分地区。与时段Ⅰ相比(图 2.7a),时段Ⅱ年日照时数≤2000 h 的区域面积增大了 13999 km²,增大的区域主要在北部和东部;而日照时数2000～2200 h、2200～2300 h、>2300 h 的区域面积分别减小了 8833 km²、2565 km²、

2601 km²(图 2.7b)。

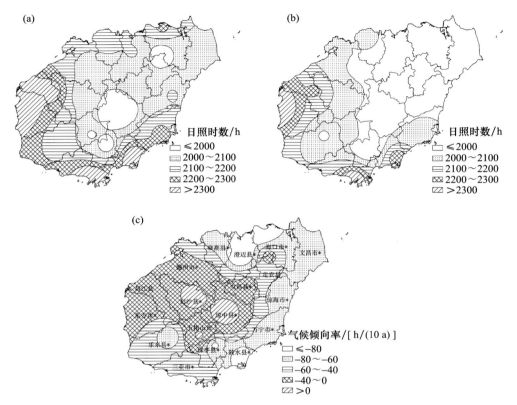

图 2.7　海南岛不同时段年日照时数及其气候倾向率的分布

(a)1961—1980 年年平均日照时数;(b)1981—2010 年年平均日照时数;

(c)1961—2010 年年平均日照时数气候倾向率

2.3.1.4　风速

时段Ⅱ(图 2.8b)内海南岛各站年平均风速在 1.2～4.3 m/s,均值为 2.0 m/s,比时段Ⅰ(图 2.8a)下降了 0.5 m/s,且低值区(<2.0 m/s)增大明显。由图 2.8c 可见,整个分析期内海南岛各站年平均风速气候倾向率为-0.36～0.03 (m/s)/(10 a),仅中部的琼中县年平均风速气候倾向率为正值,其他地区在-0.36～0.00 (m/s)/(10 a),其中有 15 个站点年平均风速减小显著。与时段Ⅰ相比(图 2.8a),时段Ⅱ年平均风速<2.0 m/s 面积比时段Ⅰ增大了 18454.4 km²,增大的区域主要分布在北部、中部和南部;而平均风速为 2.0～3.0 m/s、3.0～3.5 m/s 的区域面积分别减小了 17817.9 km² 和369.9 km²。(图 2.8b)

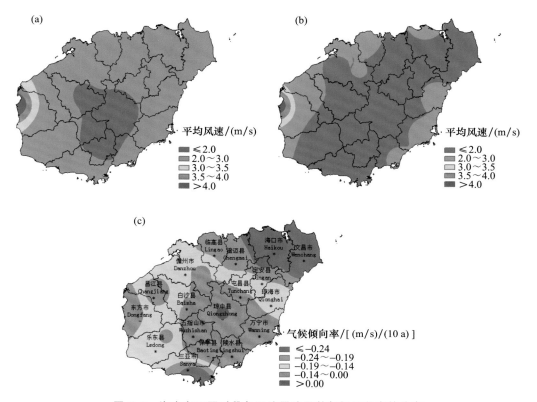

图 2.8　海南岛不同时段年平均风速及其气候倾向率的分布

(a)1961—1980 年年平均风速;(b)1981—2010 年年平均风速;(c)1961—2010 年年平均风速气候倾向率

2.3.2　云南南部

2.3.2.1　温度

云南南部植胶区位于横断山脉尾闾和云南高原南缘,由于受构造运动影响,山原隆起,河流深切,形成由山地、河谷、残余高原面和盆地等地貌类型相嵌交错组成的中山山原地貌。采用气温垂直递减法对云南省南部 1981—2010 年年平均气温、最高气温和最低气温进行海拔高度订正。由图 2.9a 可看出,云南南部大部分地区年平均温度<19.0 ℃,不适宜种植橡胶树。年平均温度 19.0～21.0 ℃的区域主要分布在研究区域的西部、中部和南部地区,>21.0 ℃的区域主要分布在研究区域的南部、东部和西部地区;研究区域大部分地区年平均最高温度>30.0 ℃,>35.0 ℃的地区主要分布在研究区域的南部和东部地区(图 2.10a);研究区域大部分地区年平均最低温度>0.0 ℃,2.0～4.0 ℃的地区主要分布在研究区域的中部和西部地区;

>4.0 ℃的地区主要分布在研究区域的南部、东部和西部地区(图2.11a)。

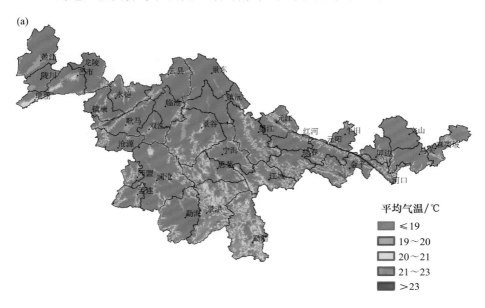

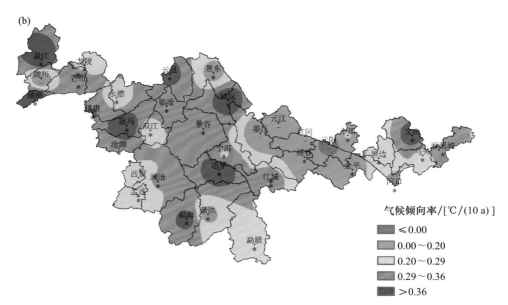

图 2.9　云南南部 1981—2010 年年平均气温(a)及其气候倾向率(b)分布

随时间变化方面,研究区域年平均温度气候倾向率为 -0.20~0.52 ℃/(10 a),除元阳呈减小趋势外,其余地区呈增大趋势且大部分地区增加显著(图2.9b);研究区域年平均最高气温气候倾向率为-0.33～1.96 ℃/(10 a),除西部的盈江、芒市、永德等 10 市(县)和东部的红河、绿春 2 市(县)呈不显著减小趋势外,其余 24 市(县)呈增大趋势且大部分市(县)增大不显著(图 2.10b);研究区域年平均最低气温气候倾向率为-0.34～1.28 ℃/(10 a),除西盟呈较小趋势外,其余市(县)呈增大趋势,其中盈江、瑞丽、芒市等 11 市(县)增加显著(图 2.11b)。

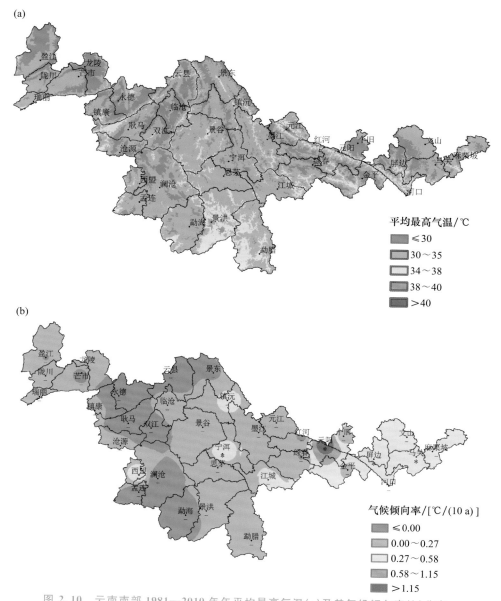

图 2.10　云南南部 1981—2010 年年平均最高气温(a)及其气候倾向率(b)分布

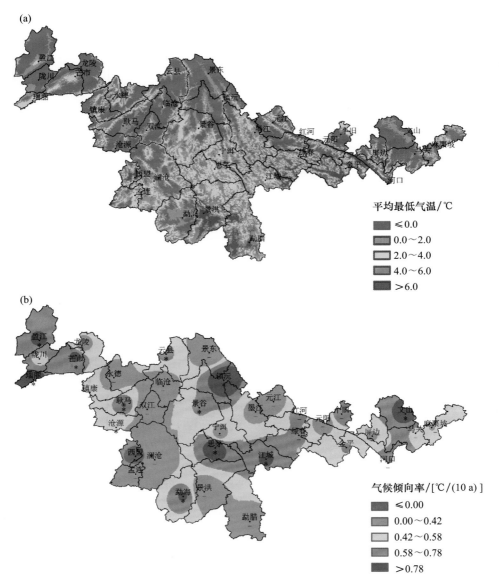

图 2.11 云南南部 1981—2010 年年平均最低气温(a)及其气候倾向率(b)分布

2.3.2.2 降水

由图 2.12a 可看出,云南南部年降水量在 804.5～2358.5 mm,大部分地区年降水量＞1200.0 mm,能满足橡胶树生长发育所需。年降水量＜1200.0 mm 的地区主要分布在研究区域的北部,年降水量＞1500.0 mm 的地区主要分布在研究区域的西部和东南部地区。研究区域年降水量气候倾向率为－160.3～38.9 mm/(10 a),除芒市、景洪、镇沅、元江、红河和绿春 6 市(县)呈增加趋势外,其余 30 市(县)主要呈不显著减少趋势(图 2.12b)。

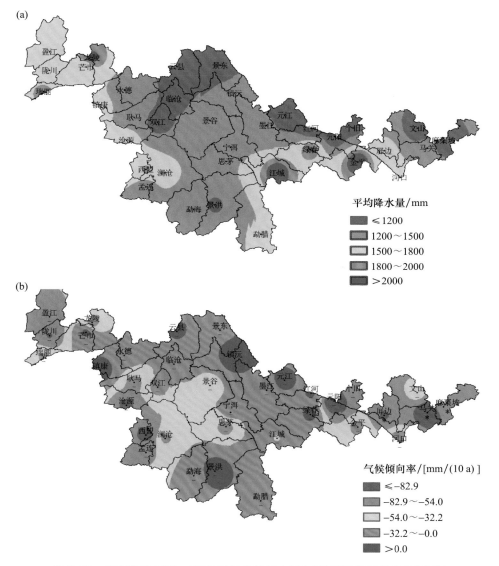

图 2.12　云南南部 1981—2010 年年平均降水量(a)及其气候倾向率(b)分布

2.3.2.3　日照

云南南部年日照时数为 1544.7～2297.5 h,大致呈由西往东减少趋势。大部分地区年日照时数>2000 h,<2000 h 的地区主要分布在研究区域的东部(图 2.13a)。研究区域年日照时数气候倾向率为-202.8～194.7 h/(10 a),除陇川、芒市、永德等 12

市(县)主要呈不显著减少趋势外,其余 24 市(县)呈增加趋势,其中景谷、宁洱、思茅等 11 市(县)增加显著(图 2.13b)。

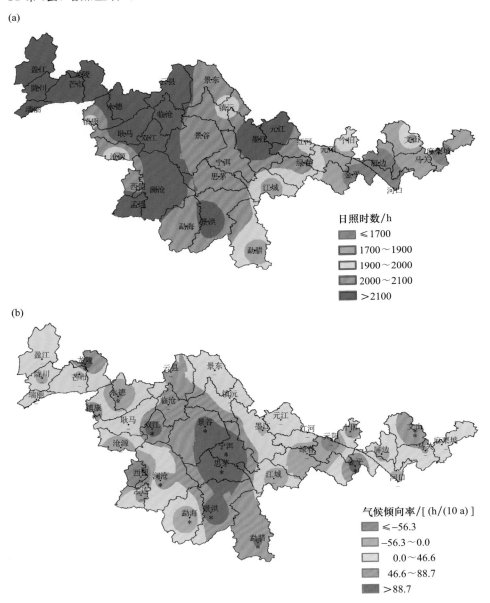

图 2.13 云南南部 1981—2010 年年平均日照时数(a)及其气候倾向率(b)分布

2.3.2.4 风速

由图 2.14a 可看出,云南南部年平均风速为 0.6～3.7 m/s,绝大部分地区年平均风速＜2 m/s。年平均风速＞2 m/s 的地区主要分布在研究区域东部的少部分地区,其中仅红河和个旧 2 市县年平均风速＞3 m/s。随时间变化方面,研究区域年平均风速气候倾向率值为－0.57～0.20（m/s）/（10 a）,景洪、勐腊、澜沧等 13 市（县）年平均风速呈增大趋势,其中有 6 市（县）增大显著。其余 23 市（县）年平均风速呈减小趋势,其中 14 市（县）减小显著(图 2.14b)。

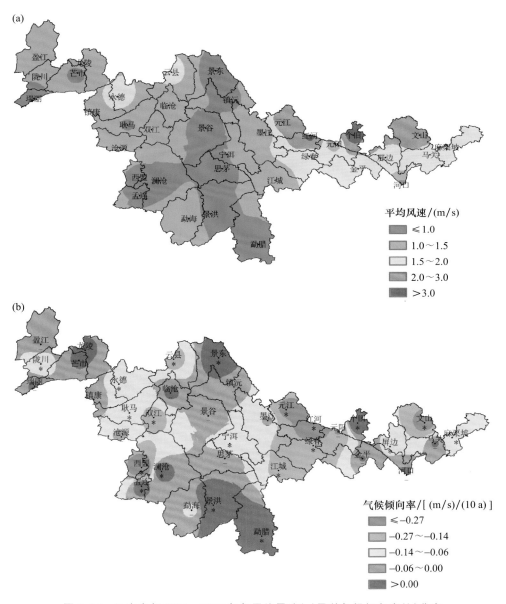

图 2.14 云南南部 1981—2010 年年平均风速(a)及其气候倾向率(b)分布

第 3 章

橡胶树生长发育气象监测

物候期是对植物生长发育的时间描述,以生态指示器的形式反映气候与植物之间的相互作用。橡胶树的生长物候是确定割胶时间、割胶强度、施肥、采种和育苗等农时安排的依据。

3.1 橡胶树生长发育规律

3.1.1 橡胶树生物学年龄划分

橡胶树一生中,其生长、发育、产胶和抗逆力都发生一系列变化,表现出一定的阶段性。这是橡胶树的习性和人工栽培共同作用的结果,适当划分树龄阶段是采取合理农业措施和品种布局的依据之一。

3.1.1.1 苗期

苗期指从种子发芽到开始分枝,包括苗圃期和定植后约一年半到两年间。其特点是:苗木早期生长缓慢,但后期生长较快。主根和茎高生长占优势,主茎每年可抽5～7 蓬叶,区间的长高 2～3 m,保守性小,容易受外界因素的影响,抵御不良环境条件能力差,易遭风、寒、病、虫、兽和杂草危害。这阶段的农业措施的主要任务是:苗圃期精心管理,促使苗木速生、健壮,早日达到芽接标准;定植大田后,即应注意防御各种自然和兽、畜灾害,保证全苗、壮苗;注意修枝抹芽,促进接芽旺盛生长和骨干根群的形成并使其向较深土层中发展。

3.1.1.2 幼树期

幼树期指从开始分枝到开割前的一段时间,约5～7 a。特点是:茎粗生长特别旺盛;根系的扩展和树冠的形成也很快,抵御不良环境条件的能力比苗期有较大增强,且随树龄增大而增长。农业措施的主要任务是,搞好覆盖间作,控制杂草、杂木与橡胶树竞争,加强水肥管理和改土工作,注意防御风、寒和各种兽害,以促进生长,缩短非生产期,争取早日割胶。在中、重风害区应抓紧进行修枝整形,培养抗风的树型。

3.1.1.3 初产期

橡胶树从开割到产量趋于稳定,实生树为 8~10 a,芽接树为 3~5 a(因为实生树原生皮产量不如第一次再生皮的产量高,而割完原生皮需 8~10 a。芽接树则较快地达到高产时期,而且第一次再生皮的产量不一定比原生皮高)。本阶段特点是:由于割胶影响,茎粗生长显著受到抑制;产胶量逐年上升;开花结果逐年增多;自然疏枝现象开始出现。由于树冠郁闭度较大,风害、叶病、割面病、根病、烂脚等的危害也日趋严重。生产管理的任务除了加强水肥管理外,还应修枝整形,以保持橡胶树的旺盛生势和比较抗风的树形外,特别要注意提高产量和做好病害的防治及风害的防御工作。开割头两年,割胶强度宜小,以缓和割胶和生长的矛盾,后期可用正常的割胶强度,但需注意养树和节约树皮。

3.1.1.4 旺产期

实生树从 15~17 龄起,芽接树从 10~12 龄起,至产量明显下降时止,约 20 a,这时生长缓慢,年增粗 1 cm 左右,一年只抽 2~3 蓬叶,自然疏枝现象普遍发生,树冠郁闭度减小。产胶稳定,产胶潜力大。对实生树来说,在第一次再生皮上割胶,为橡胶树一生中最高产的时期。对芽接树来说,除迟熟品系外,一般开割 3~5 a 后进入旺产期,割第二割面原生皮时是一生中最旺产时期,割第一次再生皮时有的品系可以保持旺产,此后一般都有下降趋势。本阶段农业措施是加强水肥管理,注意保持水土,以维持和培养地力,尤其注意防病、防风工作。另外,为取得较高的胶乳产量,可采用适当的割胶制度或使用刺激剂。

3.1.1.5 降产衰老期

指橡胶树从 30 龄左右起至失去经济价值为止的一段时间。其长短因割胶制度、品系、气候、土壤条件以及管理好坏等有很大差别。这时期生长相当缓慢,树皮再生能力差,在树干下部第二次再生皮上割胶,产量明显下降。因其树干大,分枝粗,在上部树干和粗大的分枝上尚可进行多割线割胶,获得一定产量。这阶段农业技术措施主要是保持水土,维护和提高土壤肥力,注意防病工作,并进行强度割胶,以获得较高的产量。对已失去经济价值的胶树进行更新。

3.1.2 橡胶树一年中的变化

在我国的气候条件下,橡胶树年周期变化可分为两个明显的时期:生长期和相对休眠期(即冬季落叶期)。生长期与相对休眠期的长短,因立地条件和品系而异,同一地区的同一品系也因年份间气候条件不同而异。

3.1.2.1　橡胶树的物候期

橡胶树的物候期是橡胶树本身固有的特性和环境条件、农业措施的综合反映。因此,地区间、年际间存在着一定的差异。以海南岛为例,在全岛范围内,地区间的差异约 10 d,而年份间差异最大可达 45 d,云南垦区地形复杂,地区间的差异更大。表 3.1 列出橡胶树在主要植胶区的物候期。

表 3.1　主要植胶区采胶树"初产期—旺产期"的物候期

物候期	海南（那大）	湛江（高州）	云南（西双版纳）	福建（诏安）
第一蓬叶抽发期	3 月上旬—4 月中旬	3 月中旬—4 月下旬	2 月下旬—4 月上旬	3 月上旬—5 月上旬
春花期	3 月中旬—4 月下旬	——	3—4 月	4 月中旬—5 月下旬
第二蓬叶抽发期	5 月下旬—7 月上旬	5 月下旬—7 月上旬	5—7 月	5—7 月
夏花期	6 月上旬—7 月上旬	——	5—7 月	6 月上旬—7 月中旬
第三蓬叶抽发期	8 月中旬—9 月上旬	7 月下旬—8 月下旬	8—9 月	8—9 月
秋果成熟期	8—10 月	——	9 月中旬—10 月下旬	10 月
冬果成熟期	12 月—次年 1 月	——	——	12 月下旬—次年 1 月
落叶始期	12 月	——	12 月	11 月下旬
落叶盛期	1—2 月	1 月下旬	2 月	1—2 月

3.1.2.2　根系的活动

橡胶树根系在一年中的活动,随着季节的变化呈规律性的变化。通常低温干旱季节生长减慢;在橡胶树落叶前,橡胶树根系在越冬后的活动先于地上部的第一蓬叶抽发;进入高温多雨季节,生长迅速加快在春根系的活动已基本停止。以海南儋州那大地区为例,橡胶树根系在 4—10 月生长较快,其中以 5 月和 7—8 月生长最快,11 月—次年 3 月生长缓慢,其平均生长速度仅为 4—10 月的 37%。

3.1.2.3　叶的生长

在海南岛,橡胶树在幼苗期一般经 22～40 d 形成第 1 蓬叶,接着静止约半个月,然后又开始抽生另一蓬叶,如此循环往复,从春暖直到进入越冬阶段,未分枝的幼树年抽生 5～7 蓬叶。每年抽生的叶蓬数随树龄增大而逐渐减少。幼树期年抽生约 4 蓬叶,初产期和旺产期一般年抽生 2～3 蓬叶;老龄树年抽生 2 蓬叶。本节以海南儋州那大地区为例,介绍各主要生物学年龄阶段橡胶树的蓬叶物候。

叶面积积累,以未分枝幼苗面言,一年中各蓬叶的叶面积以年中抽生的叶蓬的叶面积的 91%,最大,年首、尾抽生的叶蓬较小。开割胶树,则以第一蓬叶的叶面积最大,一般占全年总叶面积的 50%～70%,但不同年份有变化,如果第一蓬叶遭受白粉病或寒潮危害叶面积较小,则第二蓬叶相对略有增大,但总叶面积仍难达到正常水平,因此保护第一蓬叶很重要。

整株橡胶树叶面积的积累,在 9—10 月达到高峰。10 月以后,温度下降,雨量减少,一般橡胶叶片全部落光,不再抽生新蓬叶。而且11月以后,部分叶片逐渐黄、落,叶面积渐减,在1—2月间,叶片全部落光。

3.1.2.4 茎粗生长

橡胶树茎粗生长速度主要受水热条件的变化所制约,其次,亦受管理措施的影响。我国植胶区12月—次年2月为低温旱季,大部分地区3—4月仍处于旱季,加上胶树大量抽生第一蓬叶,因此,从12月至次年4月橡胶树生长缓慢,在抽叶盛期的3—4月,茎粗增长基本停止。进入雨季后,水热条件比较适宜,叶面积积累量逐渐增大,生长量显著加快,至9—10月,生长达到高峰。以后温度下降,雨量减少,橡胶树进入越冬期,生长又趋缓慢。

橡胶树在不同季节生长所占的比例,各气候类型区不同。一般气候条件愈差,雨季生长量所占的比例愈大。如云南三类型区的芒市,雨季(6—11月)的生长量占年生长量的91%,二类型区的云南瑞丽约占82%,一类型区的云南景洪占78%。

如果水肥条件和管理水平较高,生长量就不那么集中。如云南三类型区的德宏试验站的高级系对比区,管理条件较好,雨季生长量占年生长量的77%,与河口、景洪的相似。

不同年份的雨量分配和管理水平有所不同,橡胶树茎粗生长在不同季节中的比例在年际间亦有差异。

橡胶树随季节变化而出现的节奏生长现象,通常称为季节周期,橡胶树的季节周期在我国有如下两种基本类型。

(1)单峰曲线型

即在一年的生长周期中只有一个生长高峰,高峰出现的月份因地区、条件不同而异,不同年份之间亦有很大差别。生长条件较差的湛江北部地区和德宏地区等属此类型,每年橡胶树的茎粗生长以7—9月三个月最快,第三季度的生长量占全年生长量的50%左右。

(2)双峰曲线型

海南岛、湛江南部和景洪等地区属此类型。其特点:其一,每年橡胶树的粗生长有两个高峰,第一生长高峰的生长量较小,第二高峰较大。高峰出现时间因地区不同而异,海南儋州那大地区分别在5—6月和10月出现,保亭地区多在7月和10月前后出现。其二,不同季节的生长量差异,以及第三季度生长量占全年总生长量的比例,都较单峰曲线类型小,橡胶树生长比较平衡,旺盛生长季节比较长,年总生长量也比较大。应根据橡胶树茎粗的生长规律采取对策,制定不同季节的栽培措施,抓紧生长旺季,争取最大生长量。

3.1.2.5 产胶量的变化

橡胶树产胶量在一年中的变化,受气候条件和物候状况的复杂影响,但在不同地区,制约的主导因素存在差异。

在海南儋州那大地区,气候和物候的影响是明显的。3—4月份气候干热,而橡胶树正处于抽叶、开花物候期,产胶量很低。5月新叶老化成熟,同化能力强,加之阵雨多,土壤湿度大,产胶量显著上升,出现第一个高产季节。6月,橡胶树处于二蓬叶淡绿期,加之气候时有短期干旱,故产量又有所下降。7—9月,水热条件较好,加之第二蓬叶成熟健全,叶面积大,同化能力强(其中8月份虽第三蓬叶抽发,但其抽发量较少,影响不大),故产量逐月上升。10月叶面积达最大值,雨日减少而土壤水分仍丰富,晨间气温下降,排胶条件最好,因此,成为一年中最高产的月份。11月以后叶片衰老,水热条件差,产量又下降。

云南西双版纳地区橡胶树的产胶模式不同。该地3—4月为第一个高产期,5—9月,特别是7—9月为低产期,10—11月为第二个高产期,即两头高,中间低。其原因首先是由于该地区气温日较差大,有利于同化物质的合成和积累,在这个基础上3—4月晨间温度较低,有利于排胶,5—9月因为雨季,降雨次数多,尤其是晨雨多,影响割胶、排胶,10—11月,气温降低,又有利于排胶,发挥了雨季同化物质积累的作用。11月以后,水热条件不足,叶片衰老,产量急剧下降。

3.2 橡胶树发育期观测

橡胶树物候期包括第一蓬叶抽发期、春花期、第二蓬叶抽发期、夏花期、第三蓬叶抽发期、秋果成熟期、冬果成熟期、落叶始期和落叶盛期。观测方法参照《农业气象观测规范》相关分册,须观测的物候期和相关指标如表3.2所示。

表3.2 橡胶树各物候期的物候进程及形态指标

物候期	形态指标
休眠期	叶片变黄,在没有风的时候,叶子一片片地落下
第一蓬叶抽发期	顶芽开始萌动,有新芽抽出
春花期	花序开花
第二蓬叶抽发期	顶芽开始萌动,有新芽抽出
夏花期	花序开花
第三蓬叶抽发期	顶芽开始萌动,有新芽抽出
秋果成熟期	果皮由绿色变为黄色,果实干燥开裂
冬果成熟期	

3.3　橡胶树灾害识别

3.3.1　风害

　　热带气旋中心附近最大风力5～7级(8.0～17.1 m/s)时,橡胶树叶片撕裂、吹落或落花落果、小枝折断,风害比较轻微。热带气旋中心附近最大风力 8 级以上(>17.2 m/s),抗风力较差的橡胶树开始出现断干和倒伏。

3.3.1.1　树龄

　　1～4 龄的幼树由于树冠小、树身矮、树干和枝条弹性较大,因此,不易被风折断,风害较轻。如广东省徐闻橡胶研究所在同次台风侵袭中 3 龄的"海垦 1"断倒率为0.8%,而 10 龄"海垦 1"断倒率为 8.7%。将开割和初产期的胶树,树冠增大,地上部分增长快,与根部相比较,根干比相对减小,而且割线部位实际上是一个伤口,容易遭受断干、风倒。旺产期的中龄胶树风害亦较重。30 龄以后的老龄树,长势减弱,树冠稀疏,根干比相对增大,风害较轻。

3.3.1.2　树型

　　在未郁闭的幼树阶段,单干型品系,如"海垦 1""PR107",构成宝塔型的树冠重量轻,平伸的侧枝均匀分布在中央主干上,疏朗透风,风害较轻。多干型(或称多主枝型)品系,如"RRIM600""PB86"和"Tjirl"等,分枝集中,枝叶浓密,树冠较大,风害较重。林段郁闭后成龄阶段,树冠的形态发生明显变化,有明显中央主干的单干型树冠,成了长把扫帚型,其所承受的风压直接由主干向下传递,容易断干;而中央主干不明显的多主枝型树冠,其所承受的风压受力于主枝,容易折枝,而利于保存主干,可减轻胶树风害程度。据海南省大丰农场1973 年第14 号台风后调查,用高截干材料定植的胶树,树型为多主枝型、风害断倒率为 27.0%,用芽接桩定植的橡胶树,树型为单干型,断倒率为 61.4%。由此可见,究竟哪种树型抗风,应随着胶园树龄的不同作具体分析。

3.3.1.3　材质

　　抗风力强的品种一般木材纤维长而细,材质坚韧,能承受较大的风力。抗风力差的品系,材质脆,容易折枝断干。但当风力强度超过了材质所能承受的应力时,树干便会折断;而且材质坚韧的品系大多在低部位断干,灾情反而较重。"PR107"就是一个例子。

3.3.1.4　分枝习性

　　分枝习性优良的橡胶树具有粗壮、挺直的茎干和着生角度较大且分布疏散匀称的分枝。分枝习性不良的主要有下列两种:(1)植株没有中央主干,在主干顶部抽生二或三条大小相似、夹角部位很小的主枝,呈"V"形或三叉形分枝。这些枝条间的夹角小,随着枝条的增粗,夹角部位的树皮被夹在枝条的结合部里面,形成"夹心皮"。枝条结合部的中间和上半部均为"夹心皮"所隔开,仅下半部和两侧有木质部相连,因此,该部位的结合力是很脆弱的,一遇强风,易遭劈裂,风害较重。(2)在植株的一侧抽生粗大的分枝,而另一侧却没有相应的枝条与之平衡,容易引起植株的倾斜或树干弯曲,在强风侵袭时,易遭风害。

不同风速对橡胶树生长的影响及危害见表3.3。

表3.3 风速对橡胶树生长的影响

风速/(m/s)	橡胶树主要表现
1.0	有利
1.1~1.9	没有明显影响
2.0~2.9	橡胶树生长和乳胶流动缓慢
>3.0	严重抑制橡胶树生长和乳胶流动
8.0~13.8	叶裂伤
>17.2	树枝、树干折断
>24.5	根茎断裂

3.3.2 寒害

3.3.2.1 平流型寒害

(1)树冠

胶树叶片或嫩叶先出现斑点,并逐渐扩大,以至变枯,继之顶芽枯死,枝条干枯,并逐渐向老枝和主干蔓延。更严重时北向树冠或整个树冠枯死。

(2)茎干

茎干寒害依次表现为树皮产生黑斑、外层树皮冻枯、北向茎干出现梭形树皮干枯、整个树干干枯、最后整株死亡。

① 黑斑

多出现于橡胶树幼苗和幼树未木栓化的茎干上,大多发生在皮孔或新落叶叶痕边缘,这是因表皮组织局部死亡而形成的,以斑块状为主。

② 外层树皮受害

外层树皮(包括石细胞和部分薄壁细胞层)受害枯死。内层组织仍存活。平流型寒潮过后,北向树干上常发生此状况。开春后外皮干裂脱落。

③ 树皮受害

强平流寒潮过后,初期用小刀刺进树皮,仍有胶乳排出。刮去木栓层,在青皮上可看到黑色斑点或斑块。内皮及形成层变褐或略发黑,有酒精味。受害后期,树皮坏死干枯,皮内有一层胶膜和胶丝;再经十多天至一个月,受害树皮断裂,寒害症状完全暴露并稳定。有时北向树皮受害冻枯,而南向树皮正常。

3.3.2.2　急发型寒害

（1）树冠

寒害轻时,叶片枯边,出现斑点,嫩芽枯梢和嫩枝爆皮流胶,7～10 d 后叶柄产生离层,叶片迅速脱落。重时,叶片迅速变白,呈水渍状,挂在树上经久不落,嫩枝干也随之受害死亡,症状在一星期内表现出来。

（2）茎干

视低温强度和持续时间可以出现黑斑,外层树皮冻枯、爆皮流胶,树干冻枯直至整株死亡,特别是茎基部的环枯会引起全株逐渐死亡。这是急发性霜冻害的又一主要症状,严重时 20 cm 土层内的根皮爆胶、干枯或全枯。

3.3.2.3　累积辐射型寒害

此种寒害的症状主要表现在胶树基部近地表 30 cm 内,受害部位树皮内的胶乳凝成胶垫,树皮隆起,继而爆皮流胶,树皮溃烂,形成所谓"烂脚"。

3.3.3　旱害

橡胶树对干旱的适应能力较强,但严重的干旱会对橡胶树的生长发育和产胶造成严重影响,可导致橡胶树回枯死亡。在正常生产和产胶时,需要 1500～2000 mm 的年降水量,土壤含水量为田间持水量的 70%～80%,橡胶树幼苗生长正常。土壤含水量为田间持水量的 80%～100% 时,橡胶幼苗（3～4 龄）生长最快,此时的生长量可提高 15% 左右。土壤的含水量降低到田间持水量的 30% 时,幼苗出现暂时凋萎现象,蒸腾、光合强度均降低,叶片细胞质浓度提高,气孔开闭降低。干旱区域虽然胶树也能生存,但是生长量和产胶量都受到不同程度的抑制,甚至形态特征也有所改变。树高变矮、树冠变小、木栓层增厚、树皮发黑、叶面积减小等。

3.3.4　病虫害

3.3.4.1　橡胶树白粉病

白粉病侵害嫩叶、嫩芽、花序。嫩叶感病初期出现辐射状白色透明的菌斑,以后病斑上出现白粉。病斑多数为圆形,以后为不规则形。病害严重时,病叶布满白粉,叶片皱缩畸形,最后脱落。大量落叶后树冠光秃。花序感病后也出现白色不规则形病斑,严重时花蕾大量脱落、凋萎。

3.3.4.2　橡胶树炭疽病

炭疽病发生在叶片、嫩梢、胶果上。嫩叶感病后出现形状不规则、暗绿色的水渍状病斑，称为急性型病斑。病斑扩展很快，边缘常有黑色坏死线。严重时叶片皱缩干枯，很快脱落。这种病斑在阴湿天气下较多。正常天气下形成的病斑为慢性型病斑，呈圆形或不规则形，边缘深褐色，中间浅褐或灰褐色，四周有明显的黄晕。随着叶片增大，病斑穿孔脱落，淡绿期叶片感病后，形成小圆锥体病斑。上述两种病斑，在潮湿天气下均会长出粉红色或淡黄色孢子堆。嫩梢、叶柄感病后，出现黑色下陷小点或黑色条斑。嫩梢有时会爆皮流胶，顶芽枯死呈鼠尾状。芽接苗感病的部位，往往在倒数第二蓬叶上。病斑初期呈黑褐色，扩大后整个嫩梢被病斑环绕，病部以上的嫩梢枯死，向下蔓延后，可使整株芽接苗死亡。这种现象称为回枯。绿果感病后病斑呈暗绿色，水渍状。在潮湿条件下病部长出粉红色孢子堆。

第 4 章
橡胶生产农事活动天气预报

　　农事活动天气预报是指从农业生产需要出发,结合农业气象指标,依据天气学原理,采用现代预报技术和分析手段,分析、预测未来天气条件及其对农业生产的影响,如播种、收获期及平时施肥、喷药等田间管理所需要的针对性天气预报。农事活动时效可分为:一天、一周、一旬、一月、作物生长季等。要做好农事活动天气预报,不仅需要做好天气预报,更重要的是需要了解和掌握不同地区不同作物同一生长发育进程、同一作物不同生长发育进程、关键农时季节等需要什么样的气象条件,哪些气象条件是有利的,哪些气象条件是不利的。橡胶树作为一种多年生高大乔木,与一年生作物有所不同,它没有明显的播种期、出苗期和收获期等发育阶段。然而,由于割胶等农事活动对适宜的天气条件有特定要求,因此,制作橡胶树物候期预报、割胶期预报、"雨冲胶"预报以及病虫害防治气象条件等级预报对提高割胶生产管理效率非常有益。

　　橡胶产量和质量容易受气候生态环境的影响和制约。然而,海南岛自然灾害多发,包括冬、春季低温阴雨,夏、秋季高温干旱、台风、暴雨等灾害性天气,这些灾害每年都对橡胶生产造成较大经济损失。例如,2005年台风"达维"导致儋州市橡胶林出现不同程度的折枝或倒伏;2008年年初,海南岛持续24 d的低温阴雨过程导致西北部内陆橡胶树出现严重寒害灾害;2010年,海南岛出现严重干旱,导致大量橡胶树叶片枯黄脱落,严重影响割胶。因此,加强橡胶生产农用天气预报技术研究、准确提供农用气象服务信息对保障国家重要物资供给和农民增产增收至关重要。农事活动天气预报是农用天气预报的主要内容之一,主要预测和评估主要农事活动期间天气对农事活动适宜程度的影响,包括橡胶树冬管施肥、喷药、割胶等田间作业气象适宜度等级的评价和预估。

4.1　橡胶树物候期预报

　　物候期是对植物生长发育的时间描述,以生态指示器的形式反映气候与植物之间的相互作用。橡胶树物候期是确定割胶时间、割胶强度、施肥等农时安排的重要依据,与产胶量密切相关。

作物的生长过程是基因型特性、环境因素共同作用的结果,基因特性由品种决定,环境因素包括光照、温度、降水等因子,在不同的物候阶段影响因子的效应不相同。作物生长钟模型是在国内外有关生长量化研究及已有的作物生物学知识基础上,通过对作物生长特性及作物生长与环境因子关系的分析,建立的一个通用作物生长动态理论模型。该模型具有较好的解释能力,其参数可反映不同类型作物的基本营养性、感温性和感光性,且模拟结果可以达到较高的精度。目前,作物生长钟模型已在水稻、小麦、玉米、甘蔗等作物广泛应用,取得了较好的模拟效果。作物生长钟模型可以表述为:

$$\frac{dS}{dt} = e^k \times (TF)^p \times (PE)^q \times f(EL) \tag{4.1}$$

式中:S 为生长阶段的完成程度,用数字 0～1 表示,0 为开始,1 为结束;dS/dt 为生长阶段的生长速度;e^k 为作物生长的速度函数;e 为自然常数;k 为基本生长系数,由品种的基因特性决定,k 值越大表示生长速度越快;$(TF)^p$ 为温度影响函数;TF 为温度效应因子,与模拟当日的气温有关;p 为温度系数,表示在某一生长阶段对温度的敏感性;$(PE)^q$ 为光周期影响函数;PE 为光周期效应因子,反映了光照对作物生长的影响;q 为光周期系数,表示在某一生长阶段对光周期的敏感性;$f(EL)$ 为其他环境影响函数,表示除温度和光周期外的其他环境影响因素对特定物候期的影响。

$$TF = \begin{cases} \dfrac{T - T_L}{T_{OL} - T_L} & T_L < T < T_{OL} \\ 1 & T_{OL} \leqslant T \leqslant T_{OH} \\ \dfrac{T_H - T}{T_H - T_{OH}} & T_{OH} < T < T_H \\ 0 & T \leqslant T_L, T \geqslant T_H \end{cases} \tag{4.2}$$

式中:T 为某一生长阶段的日平均气温,T_L、T_{OL}、T_{OH}、T_H 分别为橡胶树生长的下限气温(16 ℃)、最适气温的下限(25 ℃)、最适气温的上限(27 ℃)和生长的上限气温(39 ℃)。当 $T_L < T < T_{OL}$ 时,随温度的升高,橡胶树生长速度加快;当 $T_{OL} \leqslant T \leqslant T_{OH}$ 时,橡胶树生长速度最快;当 $T_{OH} < T < T_H$ 时,随着温度的升高,橡胶树生长速度减缓;当 $T \leqslant T_L$ 或 $T \geqslant T_{OH}$ 时,橡胶树生长受阻,停止生长。

橡胶树的种植属雨养农业,最适日照时数为 2000 h/a,海南岛的气候条件基本能够满足橡胶树对降水和光照的要求。有研究表明,温度是影响橡胶树春季物候期的主导要素。因此,仅考虑温度对橡胶树物候期的影响,橡胶生长钟模型(RubberSP)可以简化为:

$$\frac{dS}{dt} = e^k \times (TF)^p \tag{4.3}$$

在我国植胶区的环境条件下,产胶期橡胶树周年变化可大致分为:第一蓬叶展叶期、春花期、第二蓬叶展叶期、夏花期、秋果成熟期、冬果成熟期、落叶始期和落叶盛期。在此选取产胶期橡胶树为对象,筛选第一蓬叶展叶期和春花期作为橡胶树春季物候期。由于橡胶树为多年生植物,为便于研究与计算机识别,引入发育时期指数(development stage indices,DSI),定义上一年 11 月 1 日、第一蓬叶展叶期、春花期的 DSI 分别为 0、1、2。

将 1986—1990 年和 1995—2004 年海南儋州市南丰镇橡胶树物候期、气象、管理等数据放入 RubberSP 模型中运行,调整模型参数,直到模拟值与观测值的误差达到最小为止,得到参数(表 4.1)。运用 1991—1994 年和 2005—2017 年儋州南丰以及2017 年儋州两院、白沙、琼中的橡胶树物候期、气象和管理数据,对 RubberSP 的模拟值与观测值进行对比验证。橡胶树春季物候期的模拟值与观测值在 1∶1 线两侧分布较均匀(图 4.1),且误差多处在 ±5 d 范围内;模拟和验证的 R^2 为 0.73～0.87,RMSE(均方根误差)为 3.26～4.15 d,NRMSE(标准均方根误差)为 3.4%～7.4%。表明 RubberSP 模型可以较客观地模拟农业气象实验站点和其他试验站点橡胶树春季物候期的出现时间,模拟和观测的物候期有很好的一致性,模拟精度较高,可进一步应用到海南岛整个区域的模拟研究。

表 4.1　不同物候阶段的 RubberSP 模型参数

物候阶段	模型参数	
	k	p
上一年 11 月 1 日—第一蓬叶展叶期	−3.40	0.90
第一蓬叶展叶期—春花期	−3.09	0.98

注:k:基本生长系数;p:温度系数。

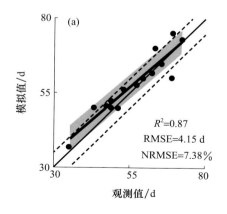
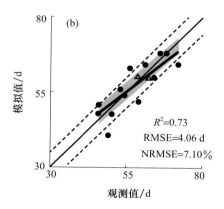

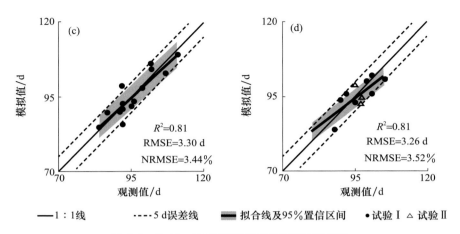

图 4.1 RubberSP 模型模拟值和观测值的对比

(a)(c)为儋州南丰试验站第一蓬叶展叶期和春花期的对比结果;
(b)(d)为儋州南丰试验站和其他试验站第一蓬叶展叶期、春花期的对比结果

4.2 橡胶开(停)割期预报

按照天然橡胶种植规程,年度开割期叶片物候标准为橡胶林当年第一蓬叶叶片稳定老化达 70%(海南地区第一蓬叶已老化的植株达 80% 以上)以上,并且新开割植株茎围达 50 cm 以上,同时上午 09:00 气温连续 3 d 稳定通过 15 ℃。对物候不整齐的植株,叶片老化比例达 80% 以上的,按达标植株对待。

年度停割期标准为达到以下三项条件其中一项即可停割:

(1)单株有 50% 以上黄叶,有 50% 植株停割的,整个树位停割;有 50% 树位停割的,全场停割。

(2)年割胶刀数或耗皮量达到规定指标的停割。

(3)连续一周当日上午 09:00 气温低于 15 ℃,当年停割(由于海拔和坡向等的不同,利用温度的连续观测资料,结合物候确定具体日期)。当日休割标准预报上午 09:00 气温低于 15 ℃,日平均气温低于 18 ℃,当日休割。

根据标准,橡胶开(停)割期天气预报通过实况天气和预报天气综合确定,实况天气包括当前物候、病指数及上午 09:00 是否稳定通过指标温度;预报天气分为正常天气和低温阴雨或冷空气天气,按照表 4.2 判别方法进行判别。

表 4.2　天然橡胶树开(停)割预报判别方法

序号	推广级别				判别结果
	物候期	嫩叶发病率	09:00 温度	天气预报	
1	抽叶率 50% 至叶片老化 40%	≤25%	——	正常天气	7~10 d 后开割
2	抽叶率 50% 至叶片老化 40%	≤25%	——	低温、阴雨	10~15 d 后开割
3	叶片老化 40%~70%	≤50%	——	正常天气	3~5 d 后开割
4	叶片老化 40%~70%	≤50%	——	低温、阴雨	5~7 d 后开割
5	叶片老化 ≥70%	——	3 d 稳定通过 15 ℃	正常天气	即日起开割
6	——	——	≤15 ℃	日均温 ≤18 ℃	当日休割
7	——	——	≤15 ℃	冷空气	3~5 d 后停割
8	——	——	连续 3~6 d≤15 ℃	——	当日起停割

4.3　割胶期"雨冲胶"天气预报

　　橡胶的胶水,主要来源于橡胶树分泌的乳状汁液,采集胶水的过程中,遭遇不利天气,例如下雨就会遭受"雨冲胶"的影响,导致辛苦一夜的劳动成果化为乌有。"雨冲胶"是割胶作业时候遇到降水的总称,其危害看似没有风害、冷害和干旱严重,但却是生产过程中很常见的不利天气。"雨冲胶"不仅使乳胶质量下降,甚至报废,直接影响经济效益,而且导致开割树体出现割面条溃疡病、死皮病等橡胶树病害,严重影响树体健康。在割面没有防护情况下,割胶、排胶时间内均不能有大于一定量的降水过程,直接导致经济损失。

　　每天凌晨 04:00—05:00 是一天中温度最低和湿度最大的时间,橡胶树经过一夜的休息和储蓄,树体内水分饱满,树的蒸腾作用处于微弱或停止状态,细胞的膨压作用达到了最大。在橡胶树的树皮中,有大量能够制造胶乳的乳管,当橡胶树皮被割胶工人割破后,牛奶般的胶乳靠着乳管本身及其周围薄壁细胞的膨压作用,不断地流出。(树皮里层)胶汁流动的快慢和数量,与温度和空气中的湿度有着密切的关系。据分析,割胶的最佳温度是 19~25 ℃。当气温超过 27 ℃时,水分蒸发快,胶乳凝固快,排胶时间短,产量就低。而当气温低于 18 ℃时,胶乳流速放慢,排胶时间长,胶乳浓度低,还容易引起树皮生病或死皮。

　　因此,每天凌晨 04—05 时是一天中排胶水的最佳时间。考虑到工人割胶操作时间的先后,一般从凌晨 03 时至上午 09 时的降水对收集胶乳影响较大。在气象服务中即通过对该时段降水预报开展"雨冲胶"指数预报服务。

割胶期"雨冲胶"指数预报按照表 4.3 判别方法进行判别。

表 4.3　割胶期"雨冲胶"指数预报

指数级别	适宜度	天气状况及"雨冲胶"说明
1	适宜	无雨,不会发生"雨冲胶"
2	基本适宜	中雨以下,发生"雨冲胶"的可能性较小
3	基本不适宜	中大雨,发生"雨冲胶"的可能性较大
4	不适宜	大暴雨,会发生"雨冲胶"

4.4　橡胶树喷药气象适宜度预报

给橡胶树喷药可有效防止橡胶树病害的发生,橡胶树的病害主要为白粉病和炭疽病。白粉病病毒的菌丝在第二年春季温湿度条件适宜时,借风雨传播为害。该病菌喜欢冷凉气温和阴湿天气。该病的发生及流行与越冬菌量大小、橡胶树抽叶物候期长短、冬春季节气候条件密切相关,是一种典型的气候型病害。雨水和潮湿的气流则是炭疽病病害流行的主要条件,风雨是炭疽病病害传播的主要途径。该病的发生及流行与品系抗病力、越冬菌量、物候、气候条件有密切关系。

橡胶树白粉病的防治时间一般在胶树抽叶 30% 以后,叶片物候处古铜叶期或淡绿叶期、发病率为 20%～30% 时,应进行第一次全面喷药防治。此后要关注叶片物候、病情发展及天气情况,以决定是否喷药及确定喷药时间。防治最适宜时机是叶片古铜色期。若预报将有阴雨天,应提前喷药。目前主要使用硫黄粉防治,在无风或微风天气下进行喷药,喷药后两天内如遇下雨应补喷,如果嫩叶老化较慢且病情有发展趋势时应再喷一次药。而炭疽病的防治时间一般在橡胶树春季抽叶 30% 时开始调查,如发现病害,而且气象预报将有阴雨或大雾天气,应喷药防治。

喷药的最佳风速是 0～2 级,风速超过 4 级将不利于实施药喷洒作业活动,降水则是影响药喷施的重要因素,雨天喷药,药剂易被雨水冲刷而导致药效降低甚至失效,根据这些基本要求,获得橡胶树喷药的综合气象适宜度评价模型如下:

$$D(K,R)=aD(K)+bD(R) \tag{4.4}$$

式中: $D(K)$ 和 $D(R)$ 是风力和降水量适宜度函数; a 和 b 为两要素的权重,降水量对喷药的影响比风力更大,故设置式中 a 和 b 的权重分别为 0.3 和 0.7。根据木桶原理,加权模型中 $D(K)$ 和 $D(R)$ 只要有一个是 0,则 $D(K,R)$ 为 0,当 $D(K,R)>0.8$ 为适宜, $0.65<D(K,R)\leqslant0.8$ 为较适宜, $0.5<D(K,R)\leqslant0.65$ 为较不适宜, $D(K,R)\leqslant0.5$ 为不适宜。

降水量适宜度函数 $D(R)$ 如式(4.5)所示：

$$D(R)=\begin{cases} 0 & R \geqslant R_2 \\ 1-(R-R_1)/(R_2-R_1) & R_1 < R < R_2 \\ 1 & R \leqslant R_1 \end{cases} \quad (4.5)$$

式中：降水量 (R) 在 1.0 mm 以下时，最适宜实施喷药活动；大于 2.0 mm 则不适宜实施喷药活动，即 $R_2 = 2.0$ mm 是可喷施的上限水量，$R_1 \leqslant 1.0$ mm 是可喷施的适宜水量。雨天药剂易被雨水冲刷而导致药效降低甚至失效。

喷施农事活动开展时的风力适宜度函数 $D(K)$ 为：

$$D(K)=\begin{cases} 0 & K \geqslant K_2 \\ 1-(K-K_1)/(K_2-K_1) & K_1 < K < K_2 \\ 1 & K \leqslant K_1 \end{cases} \quad (4.6)$$

式中，$K_1 \leqslant 2$ 级风力，视为对喷施肥剂或药剂无影响；可喷施肥剂或药剂上限风力 $K_2 = 4$ 级。

通过未来 1~3 d 的天气预报数据，开展橡胶树喷药气象适宜度预报有助于农户在最佳的气象条件下进行喷药，减少农药使用量，提高病虫害防治效果。在减少农药对环境的不良影响的同时，实现农业生产更加高效、可持续地发展。

第 5 章

橡胶主要气象灾害及风险区划

5.1 主要气象灾害时空分布

5.1.1 橡胶树寒害时空分布

天然橡胶是我国重要的工业原料之一,在工业生产和国防建设中占有重要地位。截至 2016 年,我国橡胶总产量约 81.6 万 t,国有农场植胶面积有 45.4 万 hm²。橡胶树属典型的热带雨林树种,原产于亚马孙河流域,适于在高温、高湿、静风和土壤肥沃的环境中生长(何康 等,1987;潘衍庆,1998)。我国适宜种植橡胶树的区域非常有限,主要分布在海南、云南、广西、广东、福建等热带和亚热带地区,每年都会受到不同程度的低温影响,若低温程度较强或长期处于低温阴雨天气,橡胶树易出现寒害甚至死亡,造成严重的经济损失,寒害已成为我国植胶区的主要气象灾害之一(江爱良,1983;阚丽艳 等,2009;陈瑶 等,2013;张明洁 等,2015)。

5.1.1.1 历史气候条件下橡胶树寒害时空分布

图 5.1a 给出了橡胶种植区出现轻度寒害的发生频率。云南的瑞丽、思茅等地出现轻度寒害的频率为 12%～29%;云南澜沧、景洪,广西的东兴、北海,广东的徐闻、电白、汕尾,福建的漳州出现轻度寒害的频率为 5%～12%;海南岛以及云南的江城、屏边,广东的湛江出现轻度寒害的频率＜5%。

图 5.1b 给出了橡胶种植区出现中度寒害的发生频率。云南的瑞丽、临沧、澜沧、思茅、江城,广西的北海,广东的电白、汕头,福建的漳州出现中度寒害的频率为 30%～85%;海南岛的中部以及云南的景洪以北的局部区域,广西的东兴,广东的湛江、汕尾出现中度寒害的频率为 20%～30%;海南岛的大部分区域以及云南的景洪、勐腊、屏边出现中度寒害的频率＜20%。

图 5.1c 给出的是橡胶种植区出现重度寒害的发生频率。云南的屏边,广西东兴

的北部、玉林，广东的信宜出现重度寒害的频率为 20％～37％；云南的瑞丽北部、临沧、江城，广西东兴的南部、北海，广东湛江、电白以北、汕尾和汕头的西北部，福建的漳州西北出现重度寒害的频率为 10％～20％；海南岛，云南的瑞丽的南部、景洪、勐腊、澜沧、思茅，广东的徐闻，福建的漳州南部等地出现重度寒害的频率＜10％。

图 5.1d 给出了橡胶种植区出现特重寒害的发生频率。云南的瑞丽的北部、屏边出现特重寒害的频率为 20％～67％；云南的江城以东，广西的东兴以北、北海以北等地出现特重寒害的频率为 10％～20％；云南的澜沧、思茅、景洪、勐腊，广西的北海以南，广东的湛江、徐闻、电白、汕尾、汕头，福建的漳州及海南岛等地出现重度寒害的频率＜10％。

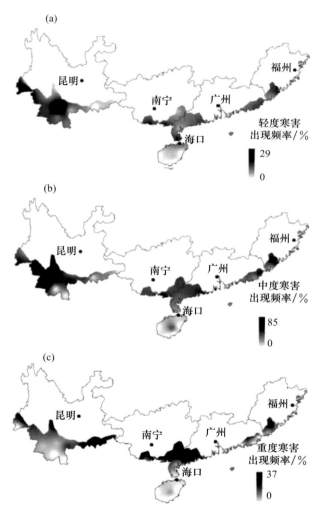

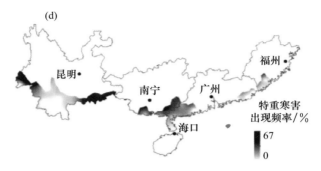

图 5.1　1961—2010 年我国橡胶树种植区综合寒害分布频率示意图
(a)轻度寒害;(b)中度寒害;(c)重度寒害;(d)特重寒害

从研究区整体看,1961—2010 年橡胶综合寒害分布频率,在空间上存在较大的差异。通过统计研究区内各站点在不同年代出现不同寒害等级的情况,得到各年代橡胶树综合寒害频率分布。1961—2010 年橡胶种植区出现轻度寒害的平均频率为 3.5%,中度寒害的平均频率为 28.24%,重度寒害平均频率为 14.93%,特重寒害平均频率为 15.93%。轻度寒害频率在 1991—2000 年为最高值,中度寒害频率在 1971—1980 年为最高值,重度寒害频率在 1971—1980 年为最高值,特重度寒害频率在 1981—1990 年为最高值。从橡胶树综合寒害频率出现的年代变化趋势看,中度、重度、特重寒害频率总体呈减小趋势,而轻度寒害的频率呈增加趋势。橡胶产区寒害频率以 1961—1970 年和 1981—1990 年较为严重,2001—2010 年相对较轻。而在我国的两大橡胶优势产区,云南和海南橡胶主产区受寒害的影响并不大,出现轻度寒害、中度寒害、重度寒害、特重寒害的频率均较低。如云南橡胶主产区(景洪、勐腊、澜沧等地):出现轻度寒害的平均频率 5.00%,中度寒害的平均频率为 31.00%,重度寒害平均频率为 1.33%,特重寒害平均频率为 0。海南岛橡胶产区出现轻度寒害的平均频率 0.67%,中度寒害的平均频率为 5.08%,重度寒害平均频率为 1.42%,特重寒害平均频率为 0。

5.1.1.2　未来气候条件下橡胶树寒害时空分布

利用地图代数方法,在 GIS(地理信息系统)空间数据分析框架中,将未来 2 种气候情景(RCP2.6[①] 和 RCP8.5[②] 情景)下 2031—2060 年不同等级橡胶寒害在我国发生概率的栅格图像分别减去同一空间尺度下相应寒害在基准时段(1981—2010 年)发生频率的栅格图像,不同数据层面上栅格点的差值即为未来 2 种气候情景较基准时段不同等级橡胶寒害在我国发生概率的变化情况(图 5.2)。

---

①　RCP2.6 情景:IPCC(政府间气候变化专门委员会)第 5 份评估报告中温室气体浓度情景,是温室气体浓度非常低的情景模式,表示到 2100 年,辐射强迫水平 2.6 W/m²。在此情景下人类采用积极应对措施,使得温室气体排放量显著减少。

②　RCP8.5 情景:来源同 RCP2.6,是在无气候变化政策干预时的基线情景,表示到 2100 年,辐射强迫水平 8.5 W/m²,在此情景下,空气中 CO_2 浓度将比工业革命前的浓度高 3~4 倍。

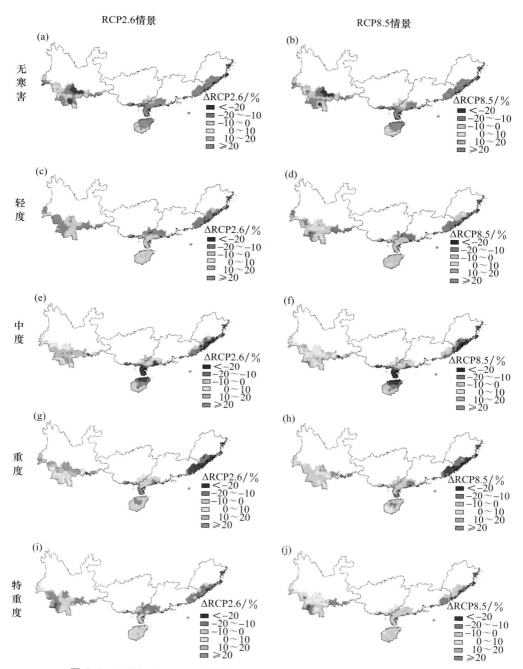

图 5.2　RCP2.6、RCP8.5 情景下 2031—2060 年不同等级寒害在我国橡胶
种植区发生概率较基准时段(1981—2010 年)的变化

(左列为 RCP2.6 情景,右列为 RCP8.5 情景)(a)(b)为无寒害;(c)(d)为轻度寒害;
(e)(f)为中度寒害;(g)(h)为重度寒害;(i)(j)为特重度寒害

由图 5.2a 和图 5.2b 可知,未来 2 种气候情景下,橡胶无寒害概率较基准时段增大的区域较广,主要集中在海南、云南植胶区的西南部和东部、广西、广东和福建等植胶区,约占我国植胶区总面积的 70%～75%,其中约 63% 的区域增大概率大于 20%,且 RCP8.5 情景增大的区域面积稍大于 RCP2.6 情景的。不过橡胶无寒害概率较基准时段减小的区域仍然存在,主要分布在云南植胶区的西北和中北部。

由图 5.2c 和图 5.2d 可知,未来 2 种气候情景下,橡胶轻度寒害概率较基准时段减小的区域几乎遍布我国整个植胶区,分别约占我国植胶区总面积的 97%(RCP2.6)和 87%(RCP8.5);不过,在 RCP8.5 情景下,云南植胶区的西北部和中部出现 0～10% 的增大概率。

由图 5.2e 和图 5.2f 可知,未来 2 种气候情景下,橡胶中度寒害概率较基准时段减小的区域有海南、广西和广东相邻植胶区南部、广东和福建相邻植胶区,约占我国植胶区总面积的 50%。云南植胶区在未来 2 种气候情景下出现了不同程度的增大概率,分别约占云南植胶区面积的 85%(RCP2.6)和 67%(RCP8.5)。

由图 5.2g 和图 5.2h 可知,未来 2 种气候情景下,橡胶重度寒害概率较基准时段减小的区域有海南、云南部分地区、广西、广东和福建植胶区,分别约占我国植胶区总面积的 60%(RCP2.6)和 78%(RCP8.5),其中广东和福建相邻植胶区寒害减小概率在 10% 以上,部分地区超过 20%。2 种情景下在云南植胶区出现较大差异,RCP2.6 情景仅云南植胶区的西南部和东部为寒害减少区域,其余地区(约占云南植胶区 82% 的区域)主要表现为从西南向东北方向寒害概率逐渐增大,部分地区增大概率超过 20%;RCP8.5 情景下云南植胶区的西部和东部为寒害减少区域(约占云南植胶区 61% 的区域),其余地区为寒害增加区域。

由图 5.2i 和图 5.2j 可知,未来 2 种气候情景下,橡胶特重度寒害概率较基准时段减小的区域较广,分别约占我国植胶区总面积的 95%(RCP2.6)和 73%(RCP8.5)。不过在 RCP8.5 情景下云南植胶区西北部和中北部、广西和广东相邻植胶区北部寒害增大概率以 0～10% 为主,部分地区增大概率为 10%～20%。

综上可见,未来 2031—2060 年 2 种气候情景下,海南、广东和福建相邻植胶区各等级寒害概率较基准时段主要呈现减小趋势,且 2 种情景变化的差异较小。广西和广东相邻植胶区轻度、重度和特重度寒害概率较基准时段主要呈现减小趋势,中度寒害在该区南部呈现减小趋势,在该区北部呈现增大趋势,2 种情景变化的差异较小。云南植胶区在 2 种气候情景下有明显的差异,表现为 RCP2.6 情景下,轻度和特重度寒害呈现减小趋势,中度和重度寒害呈现增大趋势;RCP8.5 情景下,轻度和重度寒害呈现减小趋势,中度和特重度寒害呈现增加趋势。

5.1.2　台风灾害时空分布

橡胶树原本主要种植于赤道低压无风带,其树体抗风能力相对较弱。我国橡胶主产区海南岛地处热带边缘,台风活动频繁,天然橡胶林经常面临严重的风害。云南一般不受台风的正面直接影响,但台风登陆后的云系对云南降水产生显著影响,可能引发强降水过程。台风带来的大风对橡胶树造成多方面损害,包括叶片破损、花果脱落、枝梢折断等,严重时甚至会导致橡胶树倒伏、折断,造成严重经济损失。橡胶树遭受风害胁迫后,其生理状况较受害前明显下降,降低了胶树持续产胶的能力。综上所述,台风灾害是影响橡胶树稳产高产的主要气象灾害,采取对应台风的措施对橡胶生产具有重要意义。

每年登陆海南的台风[①](含热带气旋,下同)平均为 2～3 个。登陆台风从 4 月持续到 11 月,主要影响期为 6—10 月,登陆个数占全年总数的 90％,8 月、9 月也为登陆高峰月。多年平均的初台风登陆时间在 7 月上旬,终台风登陆时间在 9 月中旬。

从登陆地点看,在海南岛东部沿海地区(包括文昌、琼海、万宁)登陆的台风最多,占登陆总数的 67％,其中又以文昌最多;其次是南部沿海地区(包括陵水、三亚、乐东),占总数的 27％;在北部和西部沿海地区登陆的台风较少。从登陆地点的月际分布来看,5 月台风以在东部和南部沿海地区登陆为主,6—9 月以在东部沿海地区登陆为主,10 月和 11 月在东部沿海和南部沿海地区的登陆个数接近,其中 10 月在三亚登陆的个数最多。从强度来看,在东部沿海地区登陆的台风最强,其中 1973 年 9 月在琼海登陆的 7314 号台风是 1949 年以来登陆海南最强的台风,登陆时中心最低气压 925 hPa,测风仪被刮坏,估计最大风速达 60 m/s。北部沿海登陆台风的个数虽少,但登陆时中心最低气压极值与南部沿海地区的相当。

台风影响橡胶树的直接灾害通常由两方面造成:大风、暴雨。比较而言,台风期间的大风灾害对橡胶树的危害更大。对影响海南的热带气旋过程的极大风速进行统计表明,过程极大风速在 10～19 m/s 的频数最高为 50.6％,其次是 20～29 m/s。而影响海南的台风极大风速在 10 m/s 以下占到 53.5％,10～19 m/s 的占 25.5％,20～29 m/s 的有 15.2％。登陆、影响海南台风的极大风速主要在 30 m/s 以下,占比约达到 80％以上(表 5.1)。一般 8 级以上大风即可对橡胶树产生影响,12 级以上的强台风往往造成严重的危害。统计表明,登陆海南的台风约一半以上伴随 8 级以上大风,进入南海的台风约 20％以上能对橡胶树产生影响;约 20％的登陆台风产生严重危害。

---

① 根据《气象灾害预警信号发布与传播办法》(中国气象局〔2007〕第 16 号令)所规定的台风预警信号发布办法,沿海或陆地平均风力达 6 级以上,或阵风达 8 级以上的热带气旋影响属于台风预警信号发布范畴,本章所述台风及其影响分析均含达到上述风力等级的热带气旋。

表 5.1　影响海南热带气旋各级极大风速频数

风速等级/(m/s)	极大风频数			
	影响		登陆	
	频数	占比/%	频数	占比/%
<10	159	53.5	0	0
10~19	76	25.5	41	50.6
20~29	45	15.2	23	28.4
30~39	15	5.1	15	18.5
≥40	2	0.6	2	2.5

5.2　气象灾害对橡胶生产的影响

5.2.1　寒害对橡胶生产的影响

由于我国植胶区纬度偏高,种植环境和原生地的差异较大。自 20 世纪 50 年代大规模种植橡胶树以来,寒害便成为天然橡胶生产的主要灾害之一,也是限制中国橡胶发展的主要因素。寒害指的是热带、亚热带作物在冬季生育期间温度不低于 0 ℃时,因气温降低引起作物生理机能障碍,导致减产甚至死亡的一种农业气象灾害。橡胶树寒害主要发生在 11 月至次年 3 月,当出现日最低气温<5 ℃或连续低温阴雨天气时,橡胶树就有可能遭到不同程度的寒害。尽管橡胶寒害发生频率不高,但橡胶树作为栽植期至少 60 a,经济寿命 30 a 以上的经济作物,一旦遭受寒害就会造成严重的经济损失。这使寒害成为我国橡胶发展的主要限制因素之一。

由于东亚大陆冬季寒潮势力强大,我国各植胶区几乎没有完全不受其影响的地方,其中云南省植胶区是受低温寒害危害最重的区域。根据云南统计数据,自 2000 年以来云南省橡胶树种植面积迅速发展,然而干胶产量在橡胶树寒害发生年份或次年有所下降,如 2004/2005 年冬春、2007/2008 年冬春和 2015/2016 年冬春寒害。这表明大范围的降温会对橡胶树生长产生长期影响。具体而言,橡胶树寒害可能导致橡胶树生理机能障碍,进而影响产量。在云南省植胶区,应对橡胶树寒害的适应性措施可能变得尤为重要。

从寒害的气象成因及后果的角度,寒害可以分为平流型、辐射型和混合型三类。平流型寒害表现为气温较低(在 0 ℃以上)、多阴天、湿度较高以及风速较大。一般来说,日均气温在 8~10 ℃,日最低气温在 5 ℃左右,风速大于 3~4 m/s,持续时间为

3~5 d。这种寒害导致橡胶树的嫩枝和茎干出现黑斑、变色和枯萎等症状,极端情况下,整株橡胶树可能会死亡。但受害表现需要一段时间,通常需要半个月至1个月才能显现,因此,被称为慢性寒害或干枯型寒害。

与此不同,辐射型寒害表现出不同的特点,包括接近或低于0 ℃的日最低气温、晴天、白天和夜晚的温差较大。辐射型寒害的特点是气温急剧下降,然后迅速回升,形成冷热交替。橡胶树受到辐射型寒害影响,其主要症状包括叶片在一两天内迅速卷缩、焦枯或发白,呈水渍状;树干可能出现流胶、内凝胶,茎基部可能发生爆胶、内凝和冻烂等情况,俗称为烂脚。辐射型寒害的表现通常在受害后1~2 d内显现,因此,被称为急性寒害或爆胶型寒害。了解两种寒害的区别对于橡胶树的寒害防护至关重要。

5.2.2　台风灾害对橡胶生产的影响

橡胶树原主要种植于赤道低压无风带,喜高温、高湿、微风、降水丰沛且分布均匀的气候环境,忌台风、低温、干旱等气象灾害。新中国成立后,在我国科研工作者长期而艰苦的努力之下,成功突破了橡胶树不能在15 °N以北区域进行种植的传统观念的限制。橡胶树成功引种到18°—24°N的云南、海南、福建、广西、广东5个热量资源充足的省份,其中海南、云南为主要植胶区。这一努力不仅扩大了橡胶树的种植区域,也为我国橡胶产业的发展做出了重要贡献。

海南岛地处热带地区,属热带季风海洋性气候,是我国受台风影响最频繁的地区之一,天然橡胶林经常遭受严重的风害。综合分析近10 a的统计资料,海南橡胶生产因台风带来的灾损最为严重,直接影响到产业发展。台风灾害对橡胶树造成了多方面的影响,主要包括橡胶树干折断、林分结构破坏、树冠营养面积减小,从而直接影响橡胶产量。过往研究表明,台风具有降雨强度大、风速快等特点。水平风力和树木自重所产生的垂直作用力使大径级个体受损,表现为树皮撕裂、枝干折断、叶片剥落,甚至根部被拔起等现象。树木的受损程度与风速呈线性关系,同时树木的生物学特性(树龄、树高、树冠尺度)、树木所处位置及林分的疏密度等因素也会影响树木受台风危害的方式和程度。在风灾的影响下,橡胶树往往出现侧根、营养根、枝条末梢和顶层枝条的枯死现象,导致树叶无法从枝条末梢抽出,只能从分枝中、基部或主干重新抽生。台风危害还可能导致橡胶树物候不整齐,割胶时间推迟,乳胶生产期缩短。台风过后,橡胶树的割胶时间普遍延迟,风害重灾区的大部分开割树因为春季叶龄不足而出现"老叶不落,新叶不抽"现象,从而导致产量减少。

此外,台风还对橡胶树当年的产胶生理机能产生影响。受害当年,胶乳中的蔗糖含量显著低于受害前的同期水平。这是因为受损的树冠叶片光合作用减弱,且部分筛管受到损伤,影响了蔗糖输入乳管。受害次年,仍有近四分之一表观无严重受害症状的胶树排胶不正常。显微镜观察发现,裂口和裂口附近的乳管中的胶乳已经凝固而失去功能。

5.3 主要气象灾害预报预警

5.3.1 寒害预警

云南橡胶种植区寒害危害显著高于海南种植区。云南省气象局和西双版纳州气象局为客观、定量地评估寒害对橡胶生长的影响,规范区域的橡胶寒害等级,使之具有空间和时间可比性,促进橡胶寒害监测、评估业务规范化、标准化,起草了气象行业标准《橡胶寒害等级》(QX/T 169—2012)(全国气象防灾减灾标准化技术委员会,2012),并于 2013 年 3 月 1 日起正式实施。

根据《橡胶寒害等级》气象行业标准,橡胶寒害分三种类型,即辐射型寒害、平流型寒害和混合型寒害。

(1)辐射型寒害是由辐射型低温天气过程导致的橡胶寒害(日最低气温≤5 ℃);

(2)平流型寒害是指当一个或多个平流型低温天气过程的持续日数累计天数不少于 20 d 时,由其低温积累引起的橡胶寒害,平流型低温天气过程指低温天气持续日数不少于 5 d,日平均气温不高于 15 ℃,且日照时数不超过 2 h;

(3)混合型寒害指辐射型低温天气过程和平流型低温天气过程混合出现所导致的橡胶寒害。

云南橡胶主要受辐射型寒害和平流型寒害的影响,现有的研究表明,云南上述两种类型寒害的分布以哀牢山为界,哀牢山以西的西双版纳、普洱(原思茅地区)、临沧和瑞丽地区以辐射型寒害为主,哀牢山以东的河口、屏边地区则以平流型寒害为主。

5.3.2 台风灾害预警

海南橡胶种植区台风危害高于其他橡胶种植区。为客观、定量地为橡胶种植户防御台风灾害,认识台风对橡胶树生长的危害,使之具有空间和时间可比性,促进橡胶台风灾害预警、监测、评估业务规范化、标准化。海南省气象局制定了橡胶台风灾害预警方案。

根据橡胶台风灾害预警方案,橡胶台风灾害风险分为高风险、中风险和低风险三类。预计 3 d 内,风力达到下列指标之一即可发布风险预警。橡胶台风灾害风险等级具体指标见表5.2。

表5.2　橡胶台风灾害风险等级指标

风险等级	风力等级（风速）	橡胶受害情况	受害率
低风险	8～9 级(17.2～24.4 m/s)	主枝折断,幼苗顶芽吹断	<20%
中风险	10～12 级(24.5～32.6 m/s)	主干断裂	20%～30%
重风险	>12 级(≥32.7 m/s)	主干断倒普遍发生	>30%

5.4　主要气象灾害风险区划

5.4.1　橡胶寒害风险区划——以海南岛为例

橡胶树原产于高温、高湿、静风的巴西亚马孙河的热带雨林中,由此形成了既不抗低温又不抗风吹的习性。而海南岛属热带季风气候,冬季常有寒潮侵袭,导致橡胶寒害频发,严重影响橡胶单产及橡胶树的经济寿命,特别是大寒潮入侵时,橡胶生产往往遭受毁灭性的破坏。因此,开展橡胶的精细化寒害风险区划,可为橡胶种植区域布局提供重要参考,也为橡胶树的栽培管理和寒害防御提供依据。

关于作物低温寒害或冻害的风险区划,国内外一些学者都做过相应研究。刘锦銮等(2003)建立了华南地区荔枝、香蕉寒害风险指数,并进行风险评估;Zhang 等(2004)等基于 GIS 对松辽平原玉米种植区干旱、洪涝和寒害进行定量风险评估;成林等(2012)开展了河南省夏玉米花期连阴雨风险区划;蔡大鑫等(2013)开展了海南省香蕉产量寒害风险区划;莫志鸿等(2013)通过构建综合气候风险指数研究了冬小麦越冬冻害的气候风险区划;孔坚文(2014)对陕西省冬小麦冻害风险进行了评估;金志凤等(2014a)构建了茶叶气象灾害综合风险指数模型,研究了浙江省茶树种植农业气象灾害综合风险精细化空间分布图;陈家金等(2015)根据福建省番石榴寒冻害致灾因子危险性、承灾体脆弱性和防寒防冻能力建立综合风险指数,进行风险区划;李军玲等(2015)根据危险性、暴露性、脆弱性等建立风险评价体系,构建冬小麦晚霜冻风险评价模型,对河南省冬小麦晚霜冻灾害风险进行评估与区划;Satchithanan-tham 等(2015)采用 DRAINMOD 田间水文模型,评估寒冷的气候条件下加拿大马铃薯的作物产量风险;李秀芬等(2016)基于 WOFOST 模型对内蒙古河套灌区玉米低温冷害进行综合评价;王春乙等(2015,2016a,2016b,2016c)对东北地区玉米低温冷害、长江中下游早稻冷害、华北地区冬小麦等灾害进行了风险评价。然而,在橡胶寒害风险评估和区划方面研究较少:孟丹(2013)基于危险性、敏感性、易损性和防灾减灾能力构建风险评估模型,开展了滇南橡胶寒害风险评估与区划,该研究中未分离橡胶寒害损失,未考虑橡胶寒害敏感性;高素华(1989)和邱志荣等(2013)基于致灾因子对海南岛橡胶分别进行了寒害区划和空间分布特征研究,未涉及风险研究;刘少军等(2015)以平均气温低于 5 ℃的天数和 10 d 以上连续阴雨而且平均气温低于 15 ℃的天数作为评价指标,开展了橡胶寒害风险评价,该研究中未能区分平流型和辐射型寒害。基于橡胶寒害风险研究中致灾因子指标选取、评价指标构建存在的差异,本节借鉴其他作物风险区划先进技术,通过构建橡胶寒害指数和台风灾害指数对海南橡胶寒害减产率进行分离,基于风险形成的机理,选择致灾因子危险性、孕灾环境敏感性、承灾体脆弱性和防灾减灾能力 4 个因子建立风险评估模型,开展海南岛橡胶寒害精细化风险区划研究。

5.4.1.1 材料与方法

(1)数据来源

海南岛 1964—2016 年 18 个国家气象站逐日气象观测数据,包括日平均气温、日最低气温等要素,以及 1980 年以来影响海南的台风历史资料来自海南省气候中心;天然橡胶资料主要包括各市(县)单产、总产和总面积、当年新增面积数据,社会经济数据主要包括各市(县)农村常驻居民人均可支配收入、农业机械总动力、化肥施用量、参加社会保险情况等,来源于《海南省统计年鉴》1980—2016 年共 37 a 的统计数据;海南岛行政边界数据来源于中国科学院地理科学与资源研究所资源环境数据中心;海南岛 DEM(Digital Elevation Model,数字高程模型)数据采用 SRTM(Shuttle Radar Topography Mission,航天飞机雷达地形测绘任务)空间分辨率 90 m 的 DEM 数据。

(2)研究方法

① 风险评价模型

基于气象灾害风险形成的机理(张继权 等,2007;巫丽芸 等,2014),选择致灾因子危险性(H)、孕灾环境敏感性(S)、承灾体脆弱性(V)和防灾减灾能力(R)4 个因子,构建的定量化的风险评价模型见式(5.1)。

$$CI = H \times \alpha + S \times \beta + V \times \gamma + (1-R) \times \delta \tag{5.1}$$

式中,CI 为橡胶寒害风险指数,α、β、γ、δ 为评价因子的权重。

致灾因子危险性是指气象灾害的异常程度,主要是由气象危险因子活动规模(强度)和活动频率决定的(张继权 等,2007),针对橡胶寒害危险性评价用橡胶寒害的强度和频率来描述,计算方法见式(5.2)。

$$H = H_1 \times P \tag{5.2}$$

式中:H_1 为橡胶寒害指数,计算方法参考气象行业标准《橡胶寒害等级》(中国气象局,2013);P 为 1964—2016 年橡胶寒害发生的频率,为某站点出现寒害年数与总年数的比值。

孕灾环境敏感性,反映了橡胶在同等气候条件下周围环境对低温寒害影响的增加或减弱的敏感程度。地形地势对温度有着再分配的作用,导致不同地形地区的温度差异明显,因而使得橡胶寒害程度各异,主要以高程、坡向、坡度、坡位等地形因子衡量孕灾环境对橡胶寒害造成的综合影响(张忠伟,2011;孟丹,2013),计算方法见式(5.3)。

$$S = S_1 \times \alpha_1 + S_2 \times \beta_1 + S_3 \times \gamma_1 + S_4 \times \delta_1 \tag{5.3}$$

式中:S_1为高程因子,用高程标准差来衡量;S_2为坡向因子;S_3为坡度因子;S_4为坡位因子,用地形坡位指数表示;α_1、β_1、γ_1、δ_1为各因子的权重,由层次分析法确定。

承灾体脆弱性,是指在给定危险地区存在的由于潜在危险因素而造成的伤害或损失程度,综合反映了自然灾害的损失程度。农作物的脆弱性是作物自身对灾害的敏感性和暴露性的综合体现,并随着地理位置、时间以及社会经济和环境而变化(陶生才 等,2011)。因此,承灾体自身由于地理位置等外部环境的改变,在同等气象灾害强度影响下,灾害造成的损失程度差异显著,敏感性越大,则遭受的损失越大;种植面积与土地面积之比越大,暴露于灾害风险中的承灾体就越多,可能遭受的潜在损失就越大。综合考虑海南橡胶敏感性和暴露性,计算橡胶脆弱性,见式(5.4)。

$$V = V_1 \times \alpha_2 + V_2 \times \beta_2 \tag{5.4}$$

式中,V_1表示橡胶寒害敏感性,用寒害指数减产率来表示,见式(5.5);V_2表示橡胶暴露性,用各市(县)种植橡胶的面积所占当地的土地面积之比表征承灾体暴露性,选取海南各市(县)的土地面积和橡胶种植面积资料计算暴露性,见式(5.6);α_2、β_2为各因子的权重,由熵权法确定。

$$V_1 = \sum_{i=1}^{n} \frac{L_i}{H_{li}} \tag{5.5}$$

式中,L_i为某市(县)第i年的橡胶寒害减产率,计算方法见下文;H_{li}为某市(县)第i年的橡胶寒害指数;n为某市(县)寒害年数。

$$V_2 = \frac{1}{n} \sum_{i=1}^{n} \frac{A_i}{A} \tag{5.6}$$

式中,A_i表示某市(县)第i年种植天然橡胶面积,A为市(县)行政面积。

防灾减灾能力,包括应急管理能力、减灾投入资源准备等。防灾减灾能力越高,可能遭受的潜在损失越小,气象灾害风险越小。本研究中防灾减灾能力用农民人均可支配收入R_1、农业机械总动力R_2、化肥施用量R_3、社会保险平均参保率R_4、区域橡胶经济发展水平R_5来表示,计算方式见式(5.7)。

$$R = R_1 \times \alpha_3 + R_2 \times \beta_3 + R_3 \times \gamma_3 + R_4 \times \delta_3 + R_5 \times \varepsilon_3 \tag{5.7}$$

式中:α_3、β_3、γ_3、δ_3、ε_3为各因子的权重,由熵权法确定;其他参数意义同上。区域橡胶经济发展水平R_5计算方法见式8(王春乙 等,2016c)。

$$R_5 = \frac{1}{n}\sum_{i=1}^{n}\left(\frac{Y_i}{SY_i}\right) \tag{5.8}$$

式中,Y_i表示某市(县)第i年的橡胶单位面积产量,SY_i表示第i年平均橡胶单位面积产量。

② 橡胶寒害指标

依据橡胶树寒害发生的天气条件,将橡胶树寒害分为平流型寒害、辐射型寒害(陈瑶 等,2013)。根据气象行业标准《橡胶寒害等级》设定橡胶寒害标准为:当日最低气温≤5.0 ℃(橡胶树辐射型寒害的临界温度)时,橡胶树出现辐射型寒害;在日照时数不大于 2 h 的情况下,日平均气温≤15.0 ℃(橡胶树平流型寒害的临界温度)时,橡胶树出现平流型寒害。参照该行业标准选取 6 个因子(即:年度极端最低气温、年度最大降温幅度、年度寒害持续日数、年度辐射型积寒、年度平流型积寒、年度最长平流型低温天气过程的持续日数)来构建寒害指数,依据寒害指数的大小,将橡胶寒害分为轻度、中度、重度、特重 4 个等级,等级划分标准见表 5.3(全国气象防灾减灾标准化技术委员会,2013)。

表 5.3　橡胶寒害等级

寒害等级	寒害指数(H_I)
轻度	$H_I < -0.8$
中度	$-0.8 \leqslant H_I < 0.1$
重度	$0.1 \leqslant H_I < 0.7$
特重	$H_I \geqslant 0.7$

③ 橡胶寒害减产率的分离

海南岛是气象灾害多发地区之一,对于多年生橡胶树来说,产量的降低是由多种气象灾害造成的,且在不同年份主要气象灾害类型存在差异。海南橡胶树主要气象灾害是台风和寒害(刘少军 等,2015,2016b;王春乙 等,2016b),因此,在进行寒害风险分析时必须将寒害造成的减产分离出来,但海南的寒害年份较台风少,难以单独构建寒害气象指标与减产关系的模型,因此,考虑在非寒害年份(台风灾害年份)建立气象灾害与减产率的模型,并由此反推寒害年的寒害减产率。

分离方法是根据寒害指标计算筛选出寒害年份,则其他年份为非寒害年,建立各市(县)橡胶的台风灾害评价指标。台风灾害评价指标为统计 1980—2016 年进入海南省防区(张亚杰 等,2017)的所有台风,按照台风影响评价标准(表 5.4),统计分析历年历次台风对各市(县)的影响情况,选取中等影响和严重影响个数加权求和值作为台风灾害评价指标,见式(5.9)。

表 5.4　台风影响评价标准

影响程度	平均最大风速 $X_1/(m/s)$	瞬间最大风速 $X_2/(m/s)$	日雨量 X_3/mm	过程降雨量 X_4/mm
一般影响	$10.0<X_1\leqslant17.0$	$17.0<X_2\leqslant25.0$	$40.0<X_3\leqslant80.0$	$80.0<X_4\leqslant130.0$
中等影响	$17.0<X_1\leqslant20.0$	$25.0<X_2\leqslant40.0$	$80.0<X_3\leqslant200.0$	$130.0<X_4\leqslant300.0$
严重影响	>20.0	>40.0	>200.0	>300.0

$$T=0.3C_1+0.7C_2 \tag{5.9}$$

式中，T 为某市（县）某年台风灾害评价指标，C_1 为某市（县）某年中等影响的热带气旋个数，C_2 为某市（县）某年严重影响的热带气旋个数。

然后，由线性滑动平均法计算相对气象产量，提取橡胶减产率序列式(5.10)，并采用回归统计模型建立台风灾害评价指标与减产率的方程，最后计算寒害年的寒害减产率。

$$L=\frac{(y-y_t)}{y_t} \tag{5.10}$$

式中：L 为橡胶减产率；y 为实际单产（kg/hm²）；y_t 为趋势单产（kg/hm²），采用线性滑动平均法模拟趋势产量（薛昌颖 等，2003）。

④ 熵权法

信息熵可以用来度量信息的无序化程度，熵值越大，说明信息的无序化程度越高，该信息所占有的效用也就越低（李俊，2012）。信息熵权重的计算步骤如下：假设有 n 个方案，m 个影响因素。X_{ij} 为第 i 种方案的第 j 个因素对结果的影响。

对 X_{ij} 进行标准化处理，得到 P_{ij}。

熵值计算方法见式(5.11)：

$$e_j=-k\sum_{i=1}^{n}P_{ij}\ln P_{ij}$$
$$k=\frac{1}{\ln n} \tag{5.11}$$

计算偏差度：

$$g_j=1-e_j \tag{5.12}$$

计算权重：

$$w_j=\frac{g_j}{\sum_{j=1}^{m}g_j} \tag{5.13}$$

⑤ 指标值的归一化处理方法

为了消除各个指标量纲不统一给计算带来的不利影响，在不同指标进行加权之前，需对各指标进行归一化处理，方法如式(5.14)：

$$X_i=\frac{x_i-x_{min}}{x_{max}-x_{min}} \tag{5.14}$$

式中，X_i 为无量纲化处理后第 i 个指标的均一化值，x_{max} 和 x_{min} 分别为该指标的最大值和最小值。经过上述处理后，X_i 范围为 0～1。

5.4.1.2　结果与分析

（1）海南岛橡胶寒害风险分析

① 致灾因子危险性分析

根据式(5.2)计算得出海南岛橡胶寒害危险性分布图(图 5.3)。根据与海南地区灾害历史资料的统计及多年寒害发生的实际情况比对，可以说明本节构建的寒害危险性能够较好地反映海南地区寒害的发生情况。从空间分布图看，海南岛寒害主要发生在五指山及其以北地区，南部三亚和陵水无寒害发生。寒害危险性以北部地区最大，中部地区次之，西部和东部沿海地区较小。其中，北部以儋州寒害危险性最大，临高次之，主要以平流型寒害为主；中部以五指山地区寒害危险性最大，主要以辐射型寒害为主。

图 5.3　海南岛橡胶寒害危险性分布

② 孕灾环境敏感性分析

基于海南岛 DEM 数据计算高程标准差、坡向、坡度和地形坡位指数，并进行均一化处理。按照各地形因子对橡胶寒害的影响程度轻重，运用层次分析法得出地形因子中高程标准差、坡向、坡度、坡位指数的权重依次为 0.19、0.11、0.29 和 0.41(孟丹，2013)。根据式(5.3)计算橡胶寒害的孕灾环境敏感性指数(图 5.4)。从图 5.4 可以看出，海南岛橡胶孕灾环境敏感性高值区在大部分市(县)均有分布，但高值区主要集中在中部山区，以五指山、琼中、白沙、昌江和乐东山区为主。

图 5.4 海南岛橡胶孕灾环境敏感性分布

③ 承灾体脆弱性分析

通过构建海南岛橡胶寒害减产率序列,根据式(5.5)计算橡胶寒害指数减产率,得出各市(县)橡胶寒害敏感性;根据海南省统计年鉴获取海南省各市(县)橡胶种植面积和土地面积的数据,根据式(5.6)计算得出海南岛橡胶种植的暴露性。由熵权法确定两者权重分别为 0.4 和 0.6,进行归一化处理后,代入式(5.4)后可得到承灾体脆弱性分布(图 5.5)。从图 5.5 可以看出,海南岛橡胶寒害脆弱性以北部临高最

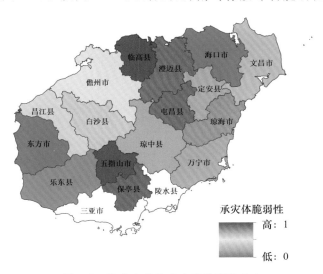

图 5.5 海南岛橡胶寒害的脆弱性分布

高,其次为南部保亭,并形成北部和南部两个高值区,北部为临高、澄迈和屯昌,南部为保亭、五指山和琼中,这些区域承灾体敏感性和暴露性均较高,对寒害的抵御能力非常差,一旦遭受寒害影响,就会引起比较严重的减产;橡胶寒害脆弱性以北部海口最低,其次为东方、乐东、万宁等地,这些区域主要是由于种植结构原因,橡胶种植比值相对较小,暴露性较低,脆弱性较小,这些地区在受到同等寒害影响时能保持相对稳定的产量,相对来说,对灾害的反应不敏感;此外,西部儋州为海南重要橡胶种植基地,橡胶种植较多,暴露性较高,但寒害敏感性较低,这可能是由于当地橡胶产业较发达,种植管理技术较高,对寒害抵御能力较强,脆弱性较低。

④ 防灾减灾能力分析

根据式(5.8)计算区域橡胶经济发展水平,然后将农民人均可支配收入、农业机械总动力、化肥施用量、社会保险平均参保率和区域橡胶经济发展水平5个因子进行归一化处理,通过熵权法确定各因子权重,依次为0.17、0.27、0.17、0.25、0.14,根据式(5.7)计算得出防灾减灾能力(图5.6)。从图5.6可以看出,各市(县)的防灾减灾能力具有明显的区域差异性。其中,海口、澄迈、琼海和乐东防灾减灾能力较强,能够有效抵御寒害造成的影响,橡胶灾后恢复能力较强;中部五指山、保亭、白沙、屯昌等市(县)防灾减灾能力较差,橡胶从灾害中的恢复能力较差。造成这种分布主要与当地经济发展水平、农业发展水平等有关。

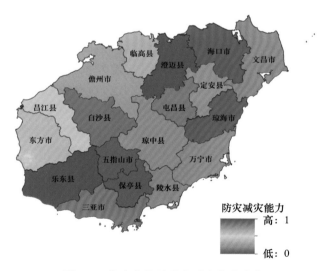

图 5.6　海南岛橡胶防灾减灾能力分布

(2)海南橡胶寒害风险区划

① 区划指标及等级划分

根据海南岛橡胶寒害风险形成机制,在综合分析寒害风险的致灾因子危险性、孕灾环境敏感性、承灾体脆弱性和防灾减灾能力的基础上,建立起海南岛橡胶寒害的风险评价模型。各评价因子的权重主要通过层次分析法确定,依次取值为 0.4、0.3、0.2 和 0.1。将 4 个指标经过归一化处理后,按照式(5.1)进行格点计算,得到海南岛橡胶寒害精细化风险指数。基于 GIS 默认的 Natural Breaks 分类方法,将海南岛橡胶寒害风险划分为 5 类(表 5.5)。这种分类方法的优点是使类别之间差异明显,而类别内部差异最小。

表 5.5　海南岛橡胶寒害风险区划等级

风险等级	寒害综合风险指数(CI)
低风险	CI≤0.25
较低风险	0.25<CI≤0.35
中等风险	0.35<CI≤0.45
较高风险	0.45<CI≤0.56
高风险	CI>0.56

② 区划结果

根据表 5.5 的寒害风险等级划分标准,得出海南岛橡胶寒害精细化风险区划图(图 5.7)。由图 5.7 可以看出,各级风险区均具有较好的区域性。其中,高风险地区主要分布在北部临高、中部五指山,以及儋州东部地区;较高风险区主要分布在中部白沙、琼中和屯昌,以及南部保亭;中等风险区分布较为分散,主要分布在澄迈

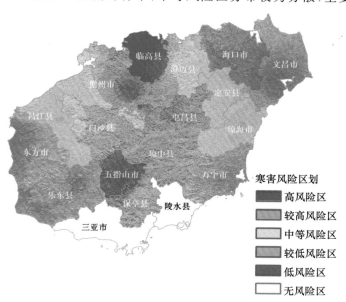

图 5.7　海南岛橡胶寒害精细化风险区划

北部、儋州西部,以及琼海西部、定安和昌江大部分地区;较低风险区主要分布在文昌、万宁、东方、乐东部分地区,低风险区主要分布在东方、乐东沿海地区,以及海口、文昌部分地区。从地理位置来看,海南岛橡胶寒害高风险地区主要分布在北部和中部,这主要是由于北部寒害危险性较高,且橡胶种植范围大,承灾体脆弱性较高;中部地形复杂,以山区和台地为主,经济发展相对落后,其危险性、孕灾环境敏感性、承灾体脆弱性均较高,因此,综合寒害风险较高。而低风险地区主要分布在北部海口和文昌,东部沿海和西南部沿海地区,其中海口和文昌风险低主要是因为当地地形地貌、经济水平和作物结构等原因,其孕灾环境敏感性、承灾体脆弱性都较低,防灾减灾能力较强,因此,综合寒害风险较低;而其他风险较低地区主要是由于寒害危险性较低。总体来看,海南岛西北部地区风险最高,其次为中部地区,东部和西南部沿海风险较低,南部三亚和陵水无寒害风险。

形成这种空间分布结果的主要原因如下:海南岛橡胶寒害类型以平流型寒害为主,辐射型寒害主要发生在中部山区。当冬季冷空气南下,最先影响北部沿海区域,纬度越高,寒害越重;当冷空气继续向南侵袭,到达中部山区时,难以逾越,堆积在山区北侧,山区北部就常出现低温阴雨天气,而南部极少出现。而当冷空气源源不断补充时,冷空气就在山区北侧不断堆积,使得这些区域气温持续偏低,极端最低气温也偏低,更加剧了这些区域的遭受寒害的程度。冷空气南下影响海南岛时,而海南岛四周临海,海洋洋温比沿海陆地高,海温与沿海陆地气温相互调节,因此,东部和西南部沿海区域受寒害风险普遍低于内陆地区。中部山区辐射降温也是造成橡胶寒害的重要因素,尤其是五指山地区,地形复杂,虽然种植橡胶的比例不高,但孕灾环境敏感性较高,防灾减灾能力差,因此,综合寒害风险较高。

因此,综合各风险评价指标及成因来看,在风险高的地区应加强寒害的监测和预警,培育抗寒橡胶品种,推广抗寒栽培和管理技术,对于不适宜橡胶种植的山区,可以适当调整当地农业结构,及时做好寒害灾后恢复工作,提高橡胶对寒害的抵抗能力,保证稳产增收。

5.4.1.3 结论与讨论

低温寒害是限制海南岛乃至全国橡胶发展的主要原因之一。本节基于气象行业标准中橡胶寒害指标的定义构建了海南岛橡胶寒害指数历史序列,基于风险形成的机理,构建了由致灾因子危险性、孕灾环境敏感性、承灾体脆弱性和防灾减灾能力4因子组成的橡胶寒害风险评估模型,计算海南岛橡胶寒害风险指数并进行风险区划,结果基本符合实际情况。与已有研究结果(刘少军,2015)相比,本节的研究中海南岛橡胶风险有两个高值中心,除了中部山区外,识别出了北部临高和儋州地区,明确了南部三亚和陵水无寒害风险。在寒害指数构建方面,本节的研究中将寒害分为平流型和辐射型,并发现海南北部寒害主要以平流型为主,中部寒害以辐射型为主,南部三亚和陵水无寒害;承灾体脆弱性研究通过分离寒害减产率分析了不同地区寒害敏感性;防灾减灾能力指数综合考虑了农民人均可支配收入、农业机械总动力、化肥施用量、社会保险平均参保率、区域橡胶经济发展水平 5 个方面。此外,由于资料有限,风险区划评估指标选取未考虑胶园生长环境、管理措施等,致灾因子未能精细化,可能导致部分区域评估结果与实际不符。在以后的研究工作中,应当采用精细化的气象数据,综合考虑多种气象灾害以及管理栽培措施等进行风险评估的修正,使之更符合实际情况。

5.4.2　橡胶台风灾害风险区划——以海南岛为例

海南省是我国受台风影响最频繁的地区之一,因此,风害也成为天然橡胶林种植中的严重灾害(刘少军 等,2013)。在全球气候变化背景下,极端气候事件更易发生,台风发生频次、强度、登陆地点均有了较大变化。如 2014 年第 9 号台风"威马逊"(1409)在海南省文昌市翁田镇一带登陆,中心附近最大风力 17 级(60 m/s),中心最低气压 910 hPa,成为 1973 年以来登陆华南的最强台风,仅海南省直接经济损失就达 119.5 亿元(陈见 等,2014)。受灾情况统计表明,有 30% 以上的林木从树高 1/3 处被折断;15% 以上林木被连根拔起;35% 以上林木被打断侧枝和顶端。其中,橡胶树灾损程度最为严重,受损率达 75%(薛杨 等,2014)。因此,在气候变化影响下极端事件频发的背景下(赵珊珊 等,2017),如何定量评价台风灾害对橡胶生产的影响,对海南橡胶产业的合理布局,促进区域橡胶生产具有重要意义。

关于气象灾害风险评价方面,国内外学者已经开展了大量的研究。一是基于数理统计方法进行灾害风险概率分析。通常利用概率或超越概率分析不同受灾程度的概率风险,或利用灾害指标识别灾害事件在某一区域发生的概率及产生的后果,进而进行灾害风险评估(杜尧东 等,2003;高晓容 等,2014;曲思邈 等,2018;韩语轩等,2017),该方法需要较为完备的历史灾情序列或合理的灾害指标,否则易造成评估结果与实际情况相差较大。二是基于灾害风险评估理论,开展分析评价。通常是分别讨论灾害致灾因子危险性或承灾体脆弱性,这种仅对致灾因子或承灾体的单一评估不能反映农业气象灾害风险产生机制(Simelton et al.,2009;Fraser et al.,2008;邱美娟 等,2018)。三是根据致灾机制进行灾害综合风险评价。通常利用对灾害风险的各影响因子进行组合,计算灾害综合风险指数,进而开展风险评估,此方法是当前农业气象灾害风险评估中采用最为广泛的一种(陈凯奇 等,2016;李娜 等,2010)。关于橡胶林台风灾害风险评价已有开展,如张京红等(2011)利用可拓数学理论构建了海南橡胶台风灾害风险评估模型,评估了橡胶林的台风灾害风险;刘少军等(2013)、张京红等(2013)通过台风对橡胶林影响的个例分析,建立了评估模型,开展了台风灾害风险评估;张忠伟等考虑台风的降水、大风和地形等因素,开展了橡胶林台风灾害风险研究。以往橡胶林台风灾害风险评价研究中,在指标选择上,大多是基于前人的研究成果,未考虑种植品种改良后,风害指标的适应性。本研究通过分析多年的农场橡胶受害资料,构建了橡胶风害断倒率曲线,建立风害等级标准。根据 IPCC 第五次评估报告中关于灾害风险的定义,在进一步完善危险性、暴露性和脆弱性评价模型基础上,选择综合评价法,计算海南橡胶台风灾害风险指数,对橡胶台风灾害风险进行定量评价,研究结果对海南省橡胶种植布局,防灾减灾对策制定及橡胶产业的可持续发展具有指导意义。

5.4.2.1 资料与方法

(1)资料来源

选取海南岛 18 个市(县)作为研究对象,三沙市因无橡胶种植记载,故研究中不作考虑。气象资料来源于 18 个地面气象观测站以及部分区域自动气象站,选取1990—2016 年逐日气象观测资料;台风登陆及影响资料来源于《热带气旋年鉴》以及气象台站观测资料,选取年限为 1990—2016 年;天然橡胶资料来源于《海南省统计年鉴》以及部分农场记录数据,主要包括各市(县)单产、总产和总面积、当年新增面积数据,选取年限为 1990—2016 年;橡胶灾损数据来源于海口东昌农场和琼中新中农场统计的 1990—2016 年历次影响橡胶树的台风灾损数据,包括断倒率和相应风力等级;社会统计资料来源于《海南省统计年鉴》,选取年限为 1990—2016 年;海南省地理信息数据来源于国家基础地理信息中心。

(2)模型建立

① 橡胶风害等级标准

不同树龄的橡胶树受树形和木质影响,抗风性差异较大,一般 5 龄以下的幼树易倒不易折,风害轻;6~15 龄的成龄树,易断杆倒伏,是风害最严重的阶段;15~30 龄的中龄树,多以断主干为主;30 龄以上的老龄树,树干不易折断,风害较轻。根据收集到的海口东昌农场和琼中新中农场统计的历次台风影响过程中橡胶林树木断倒率数据,按照风力等级进行排序,对数据序列进行高阶拟合,得出断倒率随风力变化的拟合方程,进一步绘制橡胶林随风力变化的断倒率曲线(图 5.8),基于聚类分析,得出橡胶林风害等级标准,见表 5.6。

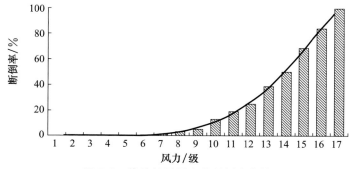

图 5.8 橡胶林随风力的断倒率曲线

表 5.6　风害等级指标

风力级别	8 级	9 级	10 级	11 级	12 级以上
风害等级	一级	二级	三级	四级	
受害率/%	2～5	5～10	10～16	16～30	＞30
严重程度	较轻	一般	中等严重	次严重	非常严重

② 灾害风险评估模型建立

a. 危险性评价模型

台风登陆或影响海南岛时,风力大小具有局地性,不同等级的风力对橡胶产生的致灾危险性差异显著,因此,参考橡胶风害致灾特征,并结合海南岛台风灾害的特点,进行风害危险性指标选取,8 级、9 级台风大风对橡胶林影响较小,灾后易恢复,分别选择台风影响时出现 10 级、11 级、12 级以上台风大风进行统计分析(刘少军 等,2013)。结合单站台风影响标准:在台风环流控制下,本站最大平均风速≥10 m/s(或有大风出现)或日雨量≥40 mm(或过程降雨量≥80 mm),则称本站受台风影响;选择各台站台风影响频率、台风影响时各台站 10 级、11 级、12 级以上大风出现频率、各台站极大风速与全岛最大值之比作为致灾危险性因子。其中台风影响频率主要反映该区域是否为台风的影响区域,主要与影响海南岛的台风路径有关;各台站 10 级、11 级、12 级以上大风出现频率,主要反映受台风影响时不同地区大风的致灾频率,比以台风等级为标准统计的结果更能准确反映台风大风对不同地区影响的实际情况;极大风速与全岛最大值之比能够进一步反映台风大风对橡胶的致灾影响。分析各致灾因子与橡胶产量变异系数对照序列的关系,基于灰色关联度方法,得出各指标的权重系数 w_i,Sp_i 为选取的 5 个危险性指标,建立致灾危险性评价模型,如式(5.15)所示。

$$H = \sum_{i=1}^{5} Sp_i \times w_i \qquad (5.15)$$

b. 暴露性评价模型

风害对海南岛天然橡胶产量的影响主要是台风登陆或影响本岛时的强风、暴雨,使橡胶林产生倒伏或者枝干断折。因此可知,承灾体暴露于灾害风险中相对面积越大,其可能遭受的潜在损失就越大,从而影响天然橡胶产量。参照以往的研究(王春乙,2016a,2016b),以橡胶种植面积与各行政区域面积之比作为暴露性评价指标,暴露性评价模型可用式(5.16)表示:

$$E = \frac{1}{n} \sum_{i=1}^{n} S_i / S \qquad (5.16)$$

式中:S_i 表示各区域天然橡胶每年种植面积;S 表示对应各行政区域面积。

c. 脆弱性评价模型

区域农业作物的脆弱性包括对外部压力的敏感性和系统应对压力的适应性,而适应性既包括作物自身的恢复能力,又包括区域对灾害的抵抗能力。参考以往的研究(王春乙 等,2016a,2016b;王春玲 等,2018),结合海南橡胶脆弱性影响因子的实际情况,综合考虑敏感性、自身恢复能力与抗灾能力,建立橡胶的脆弱性评价模型见式(5.17)—式(5.21)。

$$V = \frac{S}{R_s \times R_a} \tag{5.17}$$

式中,V 即为橡胶林的脆弱性指数,其值越大,表示越容易受到灾害威胁。其中 S 表示橡胶树对灾害的敏感程度,R_s 表示区域农业应对灾害的恢复能力,R_a 表示区域抗灾能力大小。

S 用灾年产量变异系数表示:

$$S = \frac{1}{\overline{Y}} \sqrt{\frac{\sum_{i=1}^{n} (Y_i - \overline{Y})^2}{n}} \tag{5.18}$$

式中,Y_i 表示某年橡胶产量,$\overline{Y}$ 表示 n 年平均产量。灾年产量变异系数越大,表明产量波动越大,抗灾能力越弱,生产面临的风险越大。

R_s 用区域农业经济发展水平表示:

$$R_s = \frac{1}{n} \sum_{i=1}^{n} \left(\frac{Y_i}{SY_i} \right) \tag{5.19}$$

式中,Y_i 表示某市(县)第 i 年的橡胶单产,SY_i 表示第 i 年海南橡胶平均单产。橡胶单产的多少,可以作为区域农业生产水平的高低的标志。生产水平越高,对灾害的抵抗能力高,灾后恢复能力越强,脆弱性越小。

R_a 用区域防风林面积与橡胶种植面积之比表示:

$$R_a = \frac{S_w}{S_r} \tag{5.20}$$

式中,S_w 为橡胶种植地区防风林面积,S_r 为区域橡胶种植面积。防风林面积,尤其是近橡胶林的防风林能够有效降低风速,减小风害对橡胶造成影响,从而降低灾害风险。

③ 灾害风险指数计算方法

本研究中灾害风险指数采用加权综合评价法计算,其公式为:

$$R = \sum_{i=1}^{m} C_i W_i \tag{5.21}$$

式中:R 是评价因子 i 的总值;C_i 是对于评价因子 i 量化值;W_i 是评价因子 i 的权重系数($0 \leqslant W_i \leqslant 1$);$m$ 是评价评价因子个数。参照前人的研究(王春乙 等,2016a,2016b),本研究中权重系数采用灰色关联度分析方法计算。

④ 权重系数计算方法

灰色关联度分析方法是根据因素之间的发展态势的相似或差异程度来衡量因

素间关联程度的方法。首先要获得表征系统特征的数据序列,然后依据关联度计算公式,计算关联度,评判各评价对象与标准序列的接近程度,即评价对象的优劣次序,灰色关联度越大,说明与具有系统特征的标准序列最接近,评价效果越好;灰色关联度越小,说明与标准序列相差较大,用它来对系统进行分析,就不一定能取得较好的评价效果了(李娜 等,2010;张京红 等,2011,2013)。

灰色关联度的计算方法如下:

$$\xi_{ik} = \frac{\min_i \min_k |y_0(k) - y_i(k)| + \rho \max_i \max_k |y_0(k) - y_i(k)|}{|y_0(k) - y(k)| + \rho \max_i \max_k |y_0(k) - y_i(k)|} \qquad (5.22)$$

式中,y_0为目标因子,y_i为第 i 个评价因子,ξ_{ik}为第 i 个因子第 k 项与目标因子的关联度,ρ 为常数,取 0.5。

根据灰色关联度矩阵可以求出各评价因子的平均关联度 r_k,再根据平均关联度计算 m 个评价因子对应的权重 w_i:

$$r_k = \frac{\sum_{i=1}^{n} \xi_{ik}}{n} \qquad (5.23)$$

$$w_i = \frac{r_k}{\sum_{k=1}^{n} r_k} \qquad (5.24)$$

海南橡胶种植中,主要的气象灾害为台风灾害,其他灾害偶有发生,因此,本研究将橡胶产量进行趋势分离后得出的减产率序列作为参考序列,分别计算危险性指数、暴露性指数、脆弱性指数与参考序列的灰色关联度,根据灰色关联度判别结果,确定对应的权重分布。

(3)空间插值方法

本研究危险性评价中年平均台风影响次数采用反距离插值,台风大风频数、概率采用反距离插值;暴露性评价按行政区域进行计算;脆弱性评价中灾害敏感性采用克里金插值,灾害抵抗能力和灾害恢复能力按行政区域进行栅格计算;风险区划按行政区域开展。

5.4.2.2　结果分析

(1)灾害危险性评价

台风对海南天然橡胶产量的影响主要是其登陆或影响本岛时的强风使橡胶林产生倒伏或者枝干断折,从而影响天然橡胶产量。利用 1990—2016 年台风灾害和橡胶产量情况数据,根据选择的灾害危险性指标,结合单站台风影响标准以及台风影响橡胶断倒率曲线,按风速和雨量的大小,分别统计各台站台风影响频率、台风影响时各台站 10 级、11 级、12 级及以上大风出现频率、各台站极大风速与全岛最大值之比作为致灾危险性因子,利用式(5.15)计算橡胶台风灾害危险性指数(见图 5.9)。

由结果可知,海南天然橡胶台风灾害危险性分布呈现沿海大,内陆小的特征,其中影响较大的区域主要分布在东部万宁到文昌,西北部临高、海口,西南部东方、昌江等地区,风险分布结果与海南台风的主要路径一致(刘少军 等,2013)。

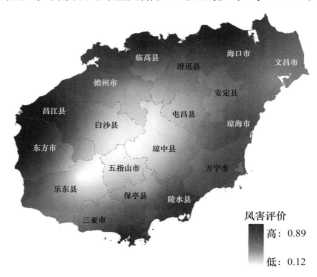

图 5.9   海南岛天然橡胶林台风灾害危险性分布

(2)暴露性评价

橡胶灾害风险大小除了与灾害强度大小有关外,还与其承灾体密度相关。以橡胶种植面积与该行政区域面积之比作为暴露性评价指标,种植面积/行政面积越大,暴露于灾害风险中的承灾体就越多,灾害发生时可能遭受的潜在损失就越大。利用1990—2016 年海南省各行政区域橡胶种植面积与对应行政区域面积数据,统计得出暴露性指数,进行暴露性评价,结果见图 5.10。由结果可知,海南橡胶暴露性以东部万宁、琼海到西部儋州一线为最大,此部分区域为海南橡胶的主要种植区域,其中儋州暴露性达到了 16.6%,居全省之首。

(3)脆弱性评价

橡胶气象灾害风险评价中脆弱性主要是指橡胶受台风影响时其产量损失程度,脆弱性越强,越易受损失。综合考虑橡胶灾害敏感性、地区受灾后的自身恢复能力以及抗灾能力,利用脆弱性评价模型计算海南各市(县)脆弱性指数,结果如图 5.11所示。由结果可知:脆弱性较高地区主要分布在东南部陵水、三亚,西部昌江以及北部文昌地区,主要因为此部分地区均为海南台风登陆高危险性地区,因此,橡胶产量对灾害敏感,产量变异系数较大,同时此部分区域不以橡胶种植为主产业,管理水平相对较低,灾后应急防灾能力较差,且城市化进程使得防护林面积减少,风害抵抗能力减弱,从而导致脆弱性相对较大。

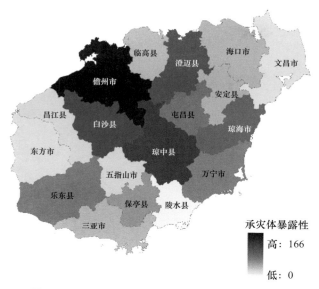

图 5.10　海南岛天然橡胶林台风灾害暴露性分布

图 5.11　海南岛天然橡胶林台风灾害脆弱性分布

（4）灾害综合风险区划

　　在橡胶台风灾害危险性、暴露性和脆弱性评价基础上,利用加权综合评价法对橡胶台风灾害风险进行计算,进一步通过自然区分法,以市(县)级单元为区域,对灾害风险进行了区划,各因子权重系数采用灰色关联度分析方法计算(表5.7)。

表 5.7　综合风险评价因子权重

因子	危险性	暴露性	脆弱性
权重	0.4153	0.2689	0.3158

　　根据评价因子权重系数计算结果可知:橡胶台风气象灾害风险主要由危险性和脆弱性主导,其中危险性权重系数达到 0.4153,是影响橡胶产量风险的最主要因子。主要是由于海南岛橡胶种植策略的调整,使得东部沿海易受台风影响的地区橡胶种植大幅减少,西部地区种植增多,使暴露性对产量风险的影响降低,而沿海大面积开发使得海防林等大面积减少,降低了台风抵抗能力,使得脆弱性加大,成为主导橡胶产量风险系数的第二大因子。由评价结果(图5.12)可知:高风险区主要位于东北部的海口、文昌、琼海一线;较高风险区主要位于琼中、万宁、陵水、屯昌一线以及东方;中等风险区位于儋州、临高、澄迈、白沙、昌江一线;低风险区位于五指山、保亭、三亚、乐东一线。东北部的海口、琼海、文昌一线,此区域虽暴露性较低、但该地区具有高危险性和脆弱性,导致了综合灾害风险高,成为高风险区。危险性最高的东部以及西部沿海地区,灾害风险不是最高,主要由于西部儋州等地为海南橡胶种植的主产地,种植技术、品种改良等措施对脆弱性起到了较好的促进作用,东部沿海橡胶种植相对较少,暴露性较低,橡胶台风灾害综合风险较低。风险最低地区主要由于这些地区受台风影响较少或橡胶种植面积相对较少,在一定程度上降低了灾害风险。

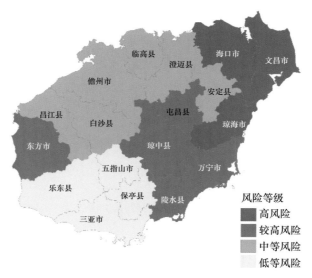

图 5.12　海南岛天然橡胶林台风灾害风险区划

5.4.2.3 结论与讨论

(1)海南天然橡胶林台风灾害风险评价结果显示:海南橡胶台风灾害风险呈现北高南低,东强西弱的特征,这种特征符合海南台风登陆分布规律。北部的文昌、海口、琼海是海南台风的高影响区域,在以往橡胶种植调整中,此区域减少了种植,降低了暴露性,但由于占灾害风险主导地位的危险性和脆弱性较高,导致该区域仍是橡胶林台风灾害的高风险区,在未来的产业布局中,应减小新增橡胶面积,降低因灾损失。儋州、澄迈、白沙等地虽是高暴露性地区,遭受台风时易产生更大损失,但该地区危险性较海口、文昌等地低,且作为主产区,在品种更新和风险管理上强于其他地区,因此,该区风险相对较低,属中等风险区,未来产业布局中,可以适当增加种植,但需通过降低脆弱性来降低风险,减小因灾损失。较高风险区主要是高危险性或高脆弱性地区,在高危险性地区可通过种植结构调整减少种植,降低因灾损失,在高脆弱性地区可通过增加抗风品种的种植和增大防护林面积来降低脆弱性,提升防灾减灾能力,降低灾害风险。低风险区主要位于中部山区,该区地形和气候条件不是橡胶种植的最适地区,可以通过改进种植品种和技术,增加种植面积。

(2)通过调查和分析历史台风背景下橡胶气象灾害产量损失情况,绘制了橡胶因灾损失曲线,对以往的灾害指标进行了改进,建立了橡胶台风灾害风险评价指标。新的灾损指标较以往的研究跟实际危险性更相符。在综合风险区划中,暴露性的权重与以往相比有所下降,突出了危险性和脆弱性的权重,评价结果与实际灾损更相符,尤其儋州等地,在以往突出暴露性的权重的评价方法中常常被定为高风险区,在本研究中,该区域为中等风险区,实际种植中,该区域也是主要种植区。

(3)在全球气候变暖背景下,登陆海南的台风年频率有弱下降趋势,但登陆平均强度趋于增强,将给海南省橡胶生产带来严重的影响(吴慧 等,2010)。因此,在橡胶产业及热带农业种植结构调整的背景下,应开展海南橡胶主要灾害台风的风险评估,为橡胶产业的进一步合理布局提供科学依据。

5.5 气象灾害防御对策

考虑到橡胶树的生长周期相对较长,通常可达35~40 a的经济寿命,因此,对于这种植物来说,选择合适的抗寒措施和采取防御台风的策略显得至关重要。这些举措可以在橡胶树的长期生长过程中确保其健康生长和橡胶生产的稳定性。

5.5.1 抗寒栽培措施

(1)选择避寒环境

根据气候、地形等因素选择适宜的环境对橡胶树的生长至关重要。确保提供足够的热量和适宜的环境条件是提高橡胶树生产效益的最经济有效措施。根据气候热量区划结果,应尽量选择具有充足热量的地区来种植橡胶树。

在精细选择地块建立橡胶种植园时,还需考虑海拔、坡度、坡位、小环境和风速等重要因素。首先,地形的开阔性对于更好地接收太阳光照射至关重要。其次,选择背风向阳的地点有助于保护橡胶树免受寒冷风的侵害。同时,确保冷空气流过时畅通也至关重要,以防止冷空气积聚影响橡胶树的生长。应避免选择地形封闭的地点,因为这可能限制太阳光的照射,导致辐射热量不足。在某些地区,如果冷空气汇聚且排流通道不畅,也可能影响橡胶树的生长状况,因此,应慎重选择这样的地点。

(2)选择合理品系

橡胶树不同品系的产量和抗寒性存在差异,而追求高产和强抗寒能力的品系是橡胶育种的目标。然而,任何一个品系都有其优点和缺点,不存在高抗高产、十全十美的品系。由于冬季降温类型和环境的不同,影响寒害的因素非常复杂,每个品系都可能面临不同的问题。因此,必须根据具体情况因地制宜,进行合理配置。举例来说,在海南琼中地区的微寒植胶区,推荐种植"热研 7-33-97""PR107""RRIM600""大丰 95"等品种,以及与这些品种抗寒能力相当的橡胶树品种。而在云南寒害较重的地区,可以选择种植抗寒性能较强的品种,如"云研 77-2""云研 77-4"等。

(3)系统的栽培技术

合理的栽培技术措施可以改善越冬条件,增强橡胶树的抗寒力,从而减轻寒害。例如,为了争取安全过冬和当年最大生长量,应在春季气温回暖并稳定后定植苗木。大苗、褐色芽片芽接的裸根芽接桩苗以及体型较小的容器苗(容器苗可放宽时限)通常在 4 月底前完成定植,但最迟不应晚于 5 月底。大袋苗或大型全苗(3 蓬叶以上)应在 7 月上旬前完成定植作业,而高截干树苗则应在 3 月底以前定植。

对于云南、广东等寒潮容易发生地区的幼龄橡胶树,应做好根圈盖草和防寒工作。寒害容易发生地区的橡胶幼树,应培土护根,每株盖草 20 kg,离树干 10 cm,并加盖 1 层薄土。易结霜地区不宜盖草,或盖草后要压土。

冬季及时停割对于橡胶树的管理至关重要。根据橡胶树体长势和天气降温情况,可及时安排停割,当整个林段的 50% 的胶树已停割时,应考虑全林段停割。如果橡胶树的生长状况和天气允许继续采胶,则可以采取以下措施。在天空明亮后开始割胶,避免在天空变亮之前割胶,以减少超出正常排胶时间流出的胶乳,降低死皮的风险。冬季割胶时要坚持"一浅四不割"的安全措施。具体来说,割胶时的深度应比正常割胶深度稍浅;早晨 08 时前空气温度低于 15 ℃时不宜割胶;遇到毛毛雨天气或橡胶树身湿润时也不宜割胶;当病树出现大于 1 cm 的条溃疡病斑未经药物防治处理前,不宜割胶;在低洼、湿度大的林段,前水线低于 40 cm 时不宜割胶,而已进入割胶末期的林段可适当减少割胶刀次,以有利于养树。割面涂封对于保护割面免受低温寒害十分重要。在橡胶树停割后,当天气晴朗干燥时,可使用越冬涂封剂,均匀涂抹于割线和新割面上,宽度约为 4 cm。每株用量应在 6~10 g,根据树围大小可适量增减。这一操作能有效提高割面的耐寒能力,保护橡胶树的生产能力。

5.5.2　防台风栽培措施

台风是影响海南、雷州半岛橡胶林生长最主要的灾害之一。雷州半岛和海南省东部沿海地区,台风危害比较严重,其他沿海地区次之。比较内陆的云南植胶区,基本上没有台风危害,但个别地方,或因地势较高,或因河道形成的"狭管效应",平常风也较大,影响胶树的生长和产胶。

(1)选择避风环境

从大范围来讲,海南和雷州半岛的沿海地区常为台风登陆地区,风害比较严重。尤其海南岛东北部和雷州半岛,强台风登陆频繁,是我国植胶区风害最严重的地区,在橡胶生产发展布局上应该避开。从海岸线向内陆延伸,由于陆地摩擦力增加,消耗动能,风力减弱,风害随之减轻。因此,海南岛中、西部地区,和其他省(区)比较深入内陆的地区,可以看作大的避风环境,宜发展橡胶生产,但仍应采取相应的抗风栽培措施。从中、小环境来说,亦应认真加以选择。四周围没有屏障的开阔地,顺着主要害风方向的河谷两岸和狭谷低槽地形、山间缺口、山脊和坡脊部位、孤立小山丘的两侧等均是风害较重的环境,或避开,或选用抗风力较强的品系。

(2)合理使用和配置品系

品系配置的原则是轻风害区和避风小环境应配置高产、中等抗风的品系为主;中风害区和相同的小环境配置抗风力强、较高产的品系;重风害区应以抗风力强,或者避免种植橡胶林,还可种植抗风高产的实生树。实生树树干圆锥度大,抗风力较强,并且风害断干部位高,灾后容易恢复。

(3)合理的种植形式和密度

为了抗御风、寒等自然灾害,宽行密株的种植形式被普遍采用。在主要风害方向为偏东方向的情况下,如采用宽行密株,行向东西走向,使强风气流从胶树行间的通道宣泄,可减轻胶树树冠的风压,风害明显减轻。在重风害区推广宽行密丛的种植形式。这种种植形式,把以抗风为目的的"正方形"丛种和有利于长期间作的"宽行密株"二者融为一体,胶树和间作生长正常,抗风力较好,提高了土地利用率,利于以短养长,增加经济收入,从而增强了胶园的抗灾能力。但是,"宽行密丛"种植形式的抗风效应和长期经济效益,还有待于进一步观察和试验。

第 6 章

橡胶主产区精细化农业气候区划

6.1 橡胶树种植气候适宜性区划

目前,关于橡胶树的气候适宜性区划已积累了大量的研究成果。不同研究者采用不同的指标,从不同的角度开展了橡胶树种植区划研究。如从橡胶树气象灾害出现概率开展气候区划,或从影响橡胶树生长的气候因子选择不同指标开展气候区划。涉及的指标有年平均气温、最冷月平均气温、极端最低温度≤0 ℃出现概率、月平均气温≥18 ℃的月数、累年最低气温保证率、阴雨日数≥20 d内平均温度≤10 ℃出现概率年降水量、日平均温度≥15 ℃活动积温、年平均风速、≥10 级风出现概率、年降水量、旱季的长度、日照和年平均相对湿度等。本章拟在前人研究基础上,利用海南岛 18 个气象站点最新气温、降水数据以及风格点数据,选取与海南岛橡胶树生长发育密切相关的气象指标,对海南岛橡胶树种植气候适宜性进行区划。

6.1.1 区划方法

采用≥10 级风出现次数(次/10 a)、年降水量(mm)和极端最低温≤3 ℃频率(%)3 个指标对海南岛橡胶树种植气候适宜性进行区划。为了消除各指标的量纲和数量级的差异,对每个指标进行归一化处理:

$$D=0.5+0.5\times\frac{A-\min}{\max-\min} \tag{6.1}$$

$$D=1-0.5\times\frac{A-\min}{\max-\min} \tag{6.2}$$

式中,D 为归一化值,A 为各市(县)指标值,min 为某指标 18 市(县)最小值,max 为某指标 18 市(县)最大值。年降水量采用式(6.1)计算,≥10 级风出现次数(次/10 a)和极端最低温≤3 ℃概率(%)采用式(6.2)计算。

利用专家打分法对≥10级风出现次数(次/10 a)、年降水量(mm)和极端最低温 ≤3 ℃频率(%)3个指标赋予不同权重,在 ArcGIS 9.3 软件里对 3 个指标归一化值 栅格图层进行叠加处理,利用自然断点法进行分类得到海南岛橡胶树种植气候适宜 性区划图。

6.1.2 区划结果

基于≥10级风出现次数、年降水量和极端最低气温≤3 ℃频率 3 个指标,进行海 南岛橡胶树种植气候适宜性区划,结果如图 6.1 所示。

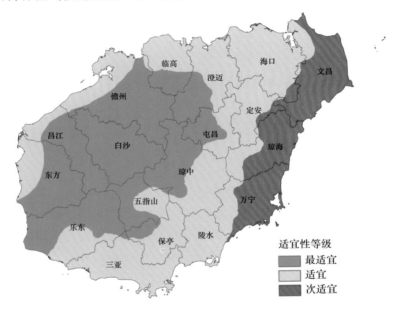

图 6.1 海南岛橡胶树种植气候适宜性区划

(1)最适宜区

海南岛橡胶树种植气候最适宜区主要分布在海南岛西部和中部地区,包括临高和 澄迈的南部,白沙全部,儋州、昌江和东方的内陆地区,屯昌,琼中和五指山的西部,乐东 北半部,保亭西北角。该区≥10级风出现次数<9.0 次/(10 a),属于轻风害风险区; 年降水量西部少部分区域为 1500～1800 mm,降水稍显不足,其余区域>1800 mm, 降水充沛;极端最低温≤3 ℃概率白沙、琼中、儋州、五指山和昌江部分区域高于 10% 或为 5%～10%,橡胶树发生寒害风险较高,其余大部分地区<5%,橡胶树发生寒害 风险低或无寒害发生。

(2)适宜区

海南岛橡胶树种植气候适宜区主要包括北部和南部的大部分区域、中部和东部相间地带,以及西部沿海地区。该区≥10级风出现次数为9~12次/(10 a),属于中风害风险区;年降水量东方西部,乐东和三亚<1800 mm,其中部分地区降水<1500 mm,降水较为不足,其余大部分区域>1800 mm,降水充沛;极端最低温≤3 ℃概率五指山、琼中少部分地区会高于10%或为5%~10%,橡胶树发生寒害风险较高,其余大部分地区低于5%,橡胶树发生寒害风险低或无寒害发生。

(3)次适宜区

海南岛橡胶树种植气候次适宜区主要分布在海南岛东部沿海地区,包括文昌大部、琼海和万宁除西部山区以外的大部分区域。该区≥10级风出现次数>12次/(10 a),属于重风害风险区;年降水量>1800 mm,降水充沛;极端最低温≤3 ℃概率为0,无寒害发生。

6.2　海南岛与国内外主产区橡胶树种植气候适应性对比

气候因素在作物的形成和发展中起着关键作用,特别是环境温度、风速、降水量、日照时数等因素。最早的橡胶种植区位于赤道和15°S之间的亚马孙大盆地,海拔不超过200 m,月平均气温25~28 ℃,年降雨量超过2000 mm。由此得出橡胶理想种植气候特征是:年平均温度28 ℃左右,日较差7~10 ℃,年降雨量为2000~4000 mm,降雨日数为100~150 d/a,日照时数约2000 h/a。

随着全球对橡胶需求的增加,以及其他农作物种植的扩大,将种植橡胶树的区域扩大到传统区域(巴西)以外的国家,即橡胶种植区域将延伸到次优环境,包括中国海南和东南亚国家等。这些地区与传统区域(巴西)有相似的水热条件,但是存在着不同的气象灾害,即台风、低温和干旱。

6.2.1　温度、降水等条件对比

我国海南、云南和东南亚橡胶主产区虽然均地处热带,但是有着不同的气候特征。总体而言,我国海南橡胶树种植的热量和降水条件明显比云南优越,但是与印度尼西亚、马来西亚和泰国等东南亚橡胶产区相比,温度偏低,降水偏少。

海南属热带季风气候,年平均气温22~27 ℃;年日照时数为1750~2650 h,光照率为50%~60%;年降水量为1000~2600 mm,每年的5—10月为雨季,11月至次年4月为旱季。

与云南产区相比,1971—2018年海南未出现日最低气温≤0 ℃的情况,而云南橡胶树种植区出现概率为0.0%~10.4%。月平均温度≥18 ℃月数海南产区为11~12

个,而云南产区仅有 6～10 个。年降水量方面,海南绝大部分地区＞1500 mm,云南橡胶树种植区降水量绝大部分地区＜1500 mm。总体而言,海南岛橡胶树种植的热量和降水条件更为优越。

印度尼西亚是典型的热带雨林气候,年平均温度 25～27 ℃,年降水量 1600～2200 mm。马来西亚属于热带雨林气候和热带季风气候,年温差变化极小,平均温度 26～30 ℃,全年雨量充沛。泰国属于热带季风气候,年均气温 24～30 ℃,常年气温＞18 ℃,平均年降水量为 1000 mm。越南属热带季风气候,年平均气温 24 ℃,年平均降水量为 1500～2000 mm。

表 6.1 给出了我国海南岛以及马来西亚、印度尼西亚、越南、泰国典型植胶区的温度、湿度、日照、风速、降水量等气候数据对比。可以看出,我国海南岛与马来西亚、印度尼西亚、越南和泰国典型植胶区相比,温度偏低,降水偏少;特别是我国海南岛的风速比马来西亚、印度尼西亚、越南和泰国高出 0.2～1.5 m/s,水分有效性指数和作物蒸散量分别低 0.1～0.6 和 0.09～0.92。表明海南容易发生风害和干旱的概率比东南亚主产区要高。

表 6.1　我国海南岛与东南亚橡胶主产区的气候条件

地区 (国家)	海南岛 (中国)	Bogor (印度尼西亚)	NongKhai (泰国)	Senai (马来西亚)	Dak Lak (越南)
平均温度/℃	22.6	27.4	26.8	26.9	21.5
气温日较差/℃	7.8	9.1	10.2	7.2	7.9
相对湿度/%	79.9	79	74	82.3	75.7
日照百分率/%	46.8	61	58.1	47.8	48.8
风速/(m/s)	2.7	2.4	1.2	2.1	2.5
降水量/(mm/a)	1431	1792	1456	2282	1669
降雨日数/d	151	159	128	182	163
水分有效性指数	0.6	0.78	0.7	1.2	0.8
作物蒸散量/(mm/d)	3.48	4.4	3.97	3.9	3.57
纬度	19°2′N	5°9′N	17°51′N	1°36′N	14°55′N
经度	109°30′E	106°58′E	102°44′E	103°39′E	108°10′E
海拔/m	671	16	164	13	655

6.2.2　气象灾害对比

气象灾害方面,我国海南橡胶树种植区主要遭受风害、寒害和干旱,云南主要遭受寒害和干旱;东南亚主产区主要遭受单一的干旱。我国海南由于易遭受风害和低温的影响,曾被国际上认为是不适宜橡胶树生长的地区。

我国海南岛是全球遭受台风灾害最严重的区域之一,风害是导致海南岛橡胶单产低于其他产胶区的主要因素。台风灾害带来的强风可对橡胶树造成短期、长期及持久性的损害。一场较强的登陆台风,首先致使当年橡胶产量锐减,损伤的枝叶需要 3～5 a 的恢复生长,而造成的倒伏则会形成永久性的“缺苗断垄”,成为不可逆的低产林地。相比而言,我国云南橡胶产区几乎没有风害,东南亚橡胶主产区大多处于台风极少地带。

在寒害方面,我国海南岛轻于广东、云南两省及越南北部,但重于东南亚橡胶主产区。

在旱害方面,海南岛的年降水量多于云南和广东两省植胶区,少于东南亚橡胶主产区,且达到了橡胶树种植所需的下限,但海南岛橡胶树种植的干旱问题仍比较突出。一是由于海南岛橡胶树多种植于山地,降水径流量大,水分有效性指数偏低;二是海南岛橡胶树种植光、温、风条件西部优越,但西部恰是降水偏少区域,气象条件匹配性差。

综上所述,海南岛橡胶树种植的风害比其他橡胶主产区明显偏重,旱灾也比较突出,唯有寒害轻于国内其他橡胶主产区,但重于东南亚地区。

6.3 未来橡胶树种植格局变化展望

6.3.1 世界橡胶树种植潜在气候适宜区

天然橡胶是国防和经济建设不可或缺的战略物资和稀缺资源,橡胶树是最主要的原料供应植物。橡胶树原产于亚马孙河流域,属典型的热带雨林树种。气候资源是满足橡胶树生长的基本需求,气候是影响植物地理分布的重要因素之一。基于全球气候数据和橡胶的地理分布信息,利用最大熵模型预测全球橡胶树种植的空间分布。

6.3.1.1 数据和方法

橡胶树样本数据来源于全球生物多样性网站、中国数字植物标本馆、国内外公开发表的相关论文和实地考察数据等共 141 条、并将所有橡胶树分布点的坐标信息输入 Google Earth(谷歌地球)上加以确认,保证其正确性。气候数据来自网站,该数据库收集了 1950—2000 年全球各地气象站记录的气象信息,包括 19 个降水量和温度的衍生因子。根据前期研究结论,明确了影响橡胶种植的 5 个主导气候因子(最冷月平均温度、极端最低温度平均值、月平均温度≥18 ℃月份、年平均气温、年平均降水量)。对收集的全球数据集(1950—2000 年)进行整理,通过 ArcGIS 10.1 空间分析工具,处理并得到以上 5 种数据集。

全球天然橡胶种植的适宜区预测采用 MaxEnt 模型 3.3.3k 版。根据 MaxEnt 模型运行的需求,将最冷月平均温度、极端最低温度平均值、月平均温度≥18 ℃月份、年平均气温、年平均降水量 5 个因子转换为 ASCII 文件,坐标系为 WGS-84,作为环境变量输入到最大熵模型;将全球橡胶种植分布信息点数据按经度和纬度顺序储存成 csv 格式的文件,作为训练样本输入到最大熵模型。

6.3.1.2　基于 MaxEnt 模型预测全球橡胶树种植潜在区域

根据橡胶树种植信息与气候关系的最大熵模型给出橡胶树在待预测区的存在概率,根据概率的大小,可划分出潜在的气候适宜区。从图 6.2 可以看出,全球橡胶树种植潜在区域主要分布在亚洲、非洲、美洲、大洋洲。

亚洲适宜种植橡胶树的区域有中国、泰国、印度、斯里兰卡、菲律宾、越南、缅甸、孟加拉、马来西亚、文莱、巴布亚新几内亚、柬埔寨、老挝、印度尼西亚、尼泊尔、东帝汶。

非洲适宜种植橡胶树的区域有马达加斯加北部、莫桑比克中部、坦桑尼亚中南部、马拉维西部、赞比亚北部、安哥拉西北部、赤道几内亚、刚果西南部、肯尼亚西部、埃塞俄比亚西部、中非西部、喀麦隆西部、尼日利亚南部、加蓬、多哥、加纳南部、科特迪瓦、利比里亚西部、乌干达南部。

北美洲适宜种植橡胶树的区域有美国南部、牙买加、洪都拉斯、哥斯达黎加、巴拿马、危地马拉、多米尼加、多巴哥和特立尼达、伯利兹、萨尔瓦多、墨西哥、尼加拉瓜、瓜德罗普岛。

南美洲适宜种植橡胶树的区域有秘鲁的中部、巴西南部及东部沿海区域、阿根廷西北部、玻利维亚中部、巴拉圭南部、哥伦比亚西北部、委内瑞拉南部和西北部、厄瓜多尔、圭亚那西部。

大洋洲适宜种植橡胶树的区域有澳大利亚的北部及东部沿海局部区域、巴布亚新几内亚、新喀里多尼亚、斐济等。

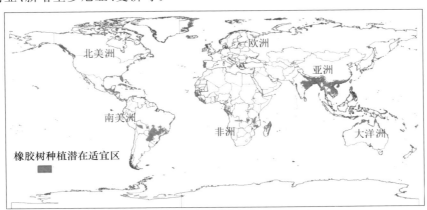

图 6.2　预测全球橡胶种植适宜区分布

6.3.2 气候变化对未来橡胶树种植气候适宜区的影响

利用全球气候模式(BCC—CSM1—1)给出的 RCP4.5 排放情景下 2041—2060 和 2061—2080 年的气候预估资料以及基准时段(1981—2010 年)的气候资料,结合 最大熵模型(MaxEnt),构建我国橡胶树种植分布与气候因子的关系模型,确定影响 我国橡胶树种植的主导气候因子,分析我国天然橡胶种植的气候适宜性及其对未来 气候变化的响应。

6.3.2.1 气候变化背景下橡胶树种植北界演变特征

将 1981—2010 年、2041—2060 年、2061—2080 年的数据分别代入 MaxEnt 模 型,计算橡胶树在待预测地区的存在概率。模型运行结果显示,3 个时间段数据计算 的 AUC 值分别为 0.993、0.991、0.991,表明 MaxEnt 模型可以用于橡胶树种植空间 分布的预测。根据最大熵模型给出的存在概率,取 80%气候资源保证率下的概率作 为分界。在云南省范围内,橡胶树种植的北界并未出现北扩趋势,而是向南逐渐缩 小适宜区域,1981—2010 年橡胶树种植的北界明显大于 2041—2060 年、2061—2080 年橡胶树种植北界。而在广西、广东、福建橡胶树种植的北界保持北扩趋势,1981— 2010 年橡胶树种植的北界明显小于 2041—2060 年、2061—2080 年橡胶树种植北界, 2041—2060 年与 2061—2080 年橡胶树种植北界基本一致(图 6.3)。

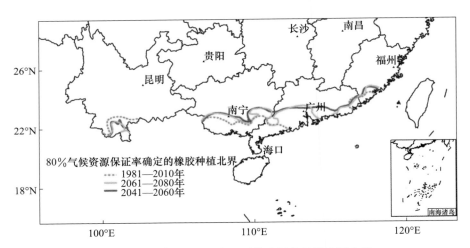

图 6.3 80％气候保证率预测橡胶树种植适宜区北界

6.3.2.2 橡胶树种植气候适宜性区的变化

根据天然橡胶种植气候适宜区的划分标准,得到 1981—2010 年、2041—2060 年、2061—2080 年我国天然橡胶种植气候适宜区的分布。1981—2010 年我国天然橡胶种植气候适宜区分布在海南、广东、福建、广西、云南 5 省（区）；低适宜区主要分布在云南盈江—潞西—永德—双江—景谷—元江—元阳—河口以南区域，广西低适宜区分布在靖西—田东—马山—来宾—藤县—岑溪以南区域，广东的低适宜区分布在德庆—四会—三水—惠东—海丰—丰顺等以南区域，福建的低适宜区分布位于平和—漳州—福清以南；中适宜区主要分布在海南的北部、广东的雷州半岛、广西的南部；气候高适宜区主要分布在海南省的儋州、乐东、白沙、保亭，云南省的景洪、勐腊等地；低适宜区以北的其他地区为天然橡胶种植区的气候不适宜区。

2041—2060 年我国天然橡胶种植气候适宜区分布较 1981—2010 年的计算结果发生了明显变化，其中，天然橡胶种植的低适宜区除分布在广东、福建、广西、云南外，在台湾岛的西部和东部的沿海区域也出现了天然橡胶种植的低适宜区；气候高适宜区只出现在海南岛、广东省的雷州、徐闻等地；云南种植橡胶的适宜区面积的区域整体减少，而且云南的景洪和勐腊等主产区，由高适宜区变为了中适宜区。2061—2081 年天然橡胶种植适宜区分布与 2041—2060 年天然橡胶种植适宜区分布趋势基本一致，但天然橡胶种植的高适宜区较 2041—2060 年预测结果略有减少，而且在分布上发生了整体向东南偏移。

从面积上看，2041—2060 年、2061—2080 年我国天然橡胶气候适宜区总面积较 1981—2010 年呈增长趋势（表 6.2）。1981—2010 年，中国天然橡胶的气候适宜性种植总面积为 39.61 万 km^2，占全国陆地面积的 4.1%，其中，高适宜区面积为 2.96 万 km^2，中适宜区面积为 10.09 万 km^2，低适宜区面积为 26.56 万 km^2。2041—2060 年，我国天然橡胶的适宜性种植总面积为 45.51 万 km^2，占全国陆地面积的 4.7%，其中，高适宜区面积为 4.04 万 km^2，中适宜区面积为 18.87 万 km^2，低适宜区面积为 22.06 万 km^2。2061—2080 年，天然橡胶的适宜性种植总面积为 46.02 万 km^2，占全国陆地面积的 4.8%，其中，高适宜区面积为 3.90 万 km^2，中适宜区面积为 17.73 万 km^2，低适宜区面积为 24.39 万 km^2。

表 6.2　不同时期天然橡胶种植气候适宜区面积及比例

适宜性分级	1980—2010 年		2040—2060 年		2060—2080 年	
	面积/万 km^2	比例/%	面积/万 km^2	比例/%	面积/万 km^2	比例/%
不适宜区	919.94	95.9	914.04	95.3	913.53	95.2
低适宜区	26.56	2.8	22.60	2.4	24.39	2.5
中适宜区	10.09	1.1	18.87	2.0	17.73	1.9
高适宜区	2.96	0.3	4.04	0.4	3.90	0.4

针对气候变化背景下我国橡胶生产布局及其应对气候变化政策制定的需求，基于已有研究成果从年尺度筛选出的影响橡胶树种植区分布的潜在气候因子，结合橡胶树种植地理分布信息，利用最大熵模型和 ArcGIS 空间分析技术，利用 1981—2010

年气候数据和 RCP4.5 情景的气候预估数据(2041—2060 年、2061—2080 年),研究种植区橡胶树分布的气候适宜性的变化规律。

RCP4.5 情景下,2041—2060 年、2061—2080 年我国天然橡胶的总气候适宜区面积(低适宜、中适宜、高适宜)较 1981—2010 年种植适宜面积有所增大,界限有北扩趋势,主要原因在于 RCP4.5 情景下 2041—2060 年、2061—2080 年的气候预估与 1981—2010 年数据相比,年平均气温和年平均降水量在橡胶树种植区域内整体呈增加趋势,对橡胶树种植区北移有利,但最冷月平均温度、极端最低温度平均值、月平均温度≥18 ℃月份呈减小趋势,对橡胶树种植区北移不利。最大熵模型充分考虑了各影响因子的相互作用,能够更加客观地反映橡胶树种植的潜在分布。由于未来气候变化的影响,未来橡胶种植的气候适宜区有出现不适宜的可能,如云南的橡胶主产区面临气候变化的负影响,适宜区总面积将减小,其中,云南省的景洪、勐腊等地将由现在的高适宜区转变为中适宜区。导致云南橡胶适宜区减少的主要因素为最冷月平均温度、极端最低温度平均值、月平均温度≥18 ℃月份呈减小趋势,其影响程度大于年平均气温和年平均降水量增加所产生的作用。但一些地区的橡胶种植气候适宜性将增加,如海南岛及广东雷州半岛的橡胶树种植高适宜区面积明显增大,主要原因在于 RCP4.5 情景下预估的最冷月平均温度、极端最低温度平均值、月平均温度≥18 ℃月份、年平均气温和年平均降水量等因子在空间上存在差异,导致低适宜、中适宜、高适宜在空间分布上与 1981—2010 年我国橡胶树种植气候适宜区发生了较大变化。

总体而言,在未来气候情景下,我国天然橡胶种植适宜区总面积总体呈增大趋势,高适宜区和中适宜区的面积均有增大趋势,而低适宜区面积呈减小趋势。天然橡胶种植气候适宜区非常有限,目前仅海南、云南、广西、广东、福建 5 省(区)存在种植气候适宜区。根据预测结果,橡胶树种植气候适宜区的总面积在 39.61 万～46.02 万 km²,占全国陆地面积的 4.2%～4.8%。橡胶是国民经济建设不可缺少的重要战略物资,因此,利用预测的结果,在有限的橡胶树种植气候适宜区开展天然橡胶的布局和规划具有重要的现实意义。

气候变化对不同区域的影响存在差异。虽然气候变化对我国天然橡胶种植气候适宜区的影响是利大于弊,但对局部区域的橡胶树种植可能产生负面影响,如在云南的橡胶主产区景洪、勐腊等地,气候适宜性将有所降低,因此,需要积极应对气候变化的影响。当然,影响不同品种橡胶树种植分布的主导气候因子和气候阈值并不相同,同时橡胶树种植适宜区的北移一定程度上会增加寒害的风险,因此,需要根据实际情况,针对不同品种开展橡胶树种植区分布的气候适宜性研究,以取得更为准确的种植分布区信息。需要说明的是,影响橡胶树种植的因素不单是气候因子,还需要考虑气象灾害的风险、土壤类型、品种的差异、经营管理和栽培技术的差异等。

6.4 橡胶树种植建议

天然橡胶是我国的重要农产品和战略物资,也是海南广大胶农增加收入、改善生活的重要产业。海南天然橡胶年产量为 36 万 t,占全国总产量的 44.12％,涉及胶农 70 多万人、产业人口 200 余万。但是,近年来国际橡胶价格持续低迷,胶农的收入大幅下降,导致种胶割胶意愿不强,出现了胶园弃割、弃管、弃种等一系列问题。

未来气候情景下,我国海南橡胶树种植的气候条件比东南亚差,要在有限的自然资源条件下提高橡胶生产能力,就必须最大限度地提高橡胶树单位面积产量,以保证海南橡胶产业持续、健康发展,促进胶农特别是贫困胶农增收,化解橡胶树的保护性种植困境。

(1)台风是制约海南橡胶产量的主要气象灾害,橡胶树种植区西移是提高海南橡胶产量的有效途径。橡胶树种植区西移可以使台风危害大为降低,光、温条件明显改善,唯有水分条件变差。可以考虑减少文昌、琼海和万宁等东部台风危害概率较大区域的橡胶树种植。减缩区的甄别措施为:①依据区域自动气象站数据资料分析;②实地查勘橡胶林有效株数,对于明显"缺苗断垄"的地块予以淘汰。

(2)橡胶树种植区西移后,在局部种植区可能面临干旱胁迫危害,成为限制橡胶产量提高的另一个不利因素。为此,一是建议在西部扩种区,选择低、平土壤保水性较好的地块种植;二是结合水利灌溉情况加以布局,实施水、肥一体化标准化高产栽培管理。

(3)在优化橡胶树种植区布局的同时,大力发展橡胶树的林下经济作物种植。在努力增加橡胶产量的同时,获得林下经济的附加收入,提高橡胶林地的综合效益,保证海南持有一定面积的橡胶树战略性种植。

第 7 章

橡胶产量形成气候适宜性评价

7.1 影响橡胶产量的主要气象因素

天然橡胶树原产于热带雨林中,喜高温、高湿、静风和肥沃土壤,对温度比较敏感(华南热带作物学院,1991)。而我国天然橡胶种植区位于副热带高压带,易遭受极端气候事件的影响,橡胶遭受不同等级的低温、干旱、台风等气象灾害影响(刘少军 等,2014,2015;张京红 等,2013;陈小敏 等,2013;李海亮 等,2016),造成橡胶干胶产量损失严重。尤其是海南和广东地处热带北缘,冬春有不同程度的低温影响,夏秋之间,屡次遭受西太平洋及南海形成的台风侵袭。众多不利因素影响,导致天然橡胶在植胶作业和橡胶生产的产量和质量受气象灾害的影响和制约。

关于橡胶树产胶量与气象条件的关系,很多学者从不同方面进行了研究实验。影响橡胶产量的主要气象因素有以下 4 个方面。

7.1.1 温度对橡胶树产胶量的影响

温度是限制橡胶树地理分布的主要因素,直接影响到橡胶树的生长发育和产胶。在气温较低时,温度对橡胶树光合和呼吸作用的影响相同,但在合适的范围内,光合速率随温度的升高大于呼吸速率,干物质积累随气温的升高而增加,当气温超过这个范围,光合速率的增大小于呼吸速率增大的速率,使干物质积累随温度升高而减少(谢贵水 等,2010)。橡胶树在 20~30 ℃范围内都能正常生长和产胶,其中26~27 ℃生长最旺盛;温度>40 ℃时,橡胶树呼吸作用增强、直接遭受损伤(张忠伟,2011)。在适温范围内积温值越高,橡胶树的生长期及割胶期越长、产量越高。徐其兴等(1988)认为,橡胶树生长的最适温度范围是 25~30 ℃,超过 30 ℃时,净光合作用会由于呼吸作用的增强而减弱。胶乳合成的适宜温度为 18~28 ℃,超过18 ℃时产量随温度升高而升高,高于 28 ℃时产量随温度升高而下降,低于 18 ℃时胶乳的生成会急剧下降(华南热带作物学院,1991;郭玉清 等,1980)。割胶时排胶的最适温度以 22～25 ℃ 最有利。

　　大部分地区日最低气温会出现在凌晨,正是割胶的时候。因此,方天雄(1985)认为,日最低气温与产量的相关性与日平均气温相比更为密切,他认为,河口地区橡胶高产期的日平均气温＞25.4 ℃、日最低气温＞22.7 ℃、气压＞990 hPa。这是因为最低气温升高会降低大气中的水汽压进而增加膨压,并升高控制排胶的乳管渗透压,从而影响排胶(Jacob et al.,1998)。张慧君等(2014)分析发现,海南橡胶能获得较大的胶乳产量的天气条件为:平均气温为 26.3～26.5 ℃,平均日照时数为 165.18～166.76 h,平均地表温度为 30.53～31.43 ℃。关于最高气温与产胶量关系的报告不多。有研究发现,最高气温与产胶量呈负相关。这可能是因为高温导致高蒸散率和呼吸速率,从而降低了净光合产物的积累。

7.1.2　水分对橡胶树产胶量的影响

　　橡胶树的蒸腾耗水量很大,要求年降雨量充沛(1500～2900 mm)、雨日多、旱期短、相对湿度高。温度一定时,土壤含水量是橡胶树生长和产胶量的重要影响因素(刘金河,1982)。橡胶树生长和产胶的适宜雨量是月降雨 150 mm 以上,且雨日分布均匀对产胶最有利(杨铨,1987)。橡胶树的光合、蒸腾等生理功能在壤质土的田间最大持水量降至 30％左右时就会降低。因此,充足的土壤湿度可以满足养分吸收及蒸腾的需要。

　　降水量只要能满足胶树生长和产胶即可,并非越多越好,而且降水时段的均匀分布及在时间上不影响排胶(杨铨,1987)。降水量过多,会导致光照时间的缩短,会降低光合作用的效率;同时降水出现在上午会影响割胶作业,造成“雨冲胶”。“雨冲胶”不仅使乳胶质量下降,甚至报废,直接影响经济损失,而且导致开割树体出现割面条溃疡病、死皮病等橡胶树病害,严重影响树体健康。在割面没有防护情况下,割胶、排胶时间内均不能有大于一定量的降水过程,有观测研究表明,晨雨＞4 mm 就影响割胶(王利溥,1989),直接导致经济损失。

　　高土壤湿度和低水汽饱和差对维持橡胶最佳水分关系非常重要,有利于提高橡胶树产胶量(Rao et al.,1990)。气象因子通过调节气孔开度在乳管系统的水分关系中起着重要作用。各环境因子的累加效应比单个因子的效应更大,如太阳辐射导致温度上升,改变水汽饱和差并间接影响气孔调节和蒸腾,从而影响橡胶乳管膨压及胶乳流出量(Rao et al.,1998)。空气中的相对湿度会影响橡胶的生理活动(Altino et al.,1998)。在一定温度范围内,胶乳产量随相对湿度上升而上升(郭玉清 等,1980)。干旱会影响新叶抽生的数量和质量,导致开花增多,严重旱灾会造成幼树成片死亡,开割胶树出现大量黄叶或落叶,排胶出现障碍,直至被迫休割或停割,产量由此而下降(曾宪海 等,2003)。

7.1.3　风对橡胶树产胶量的影响

微风可调节胶林内空气,增加二氧化碳浓度,对橡胶树生长有利,一般风速<2 m/s时橡胶树生长良好;一旦风速≥2 m/s橡胶树蒸腾加剧,生长和产胶就会受到抑制,需营造防护林加以保护;若风速≥3 m/s,将导致橡胶树型矮小,树皮老化,不能正常生长和产胶(张忠伟,2011)。

风对橡胶树的危害可分为机械损伤和生理伤害。生理伤害具有普遍性,主要是增大蒸腾强度,使橡胶树体内水分失去平衡,同化作用减退。有关实验认为,风速为5 m/s时其同化产量仅为无风时的1/2,风速为10 m/s时则只有1/3。可见长时间吹稍强的风,对橡胶树的生理伤害程度并不比机械损伤轻。机械损伤主要是使叶破损、落花、落果、落叶、折枝、断干、拔根、倾斜以致倒伏。

7.1.4　光照对橡胶树产胶量的影响

太阳辐射是调节橡胶合成所需光合作用及生理活动的主要能量来源。适宜的光照条件有利于橡胶树糖代谢和养分积累,橡胶树茎粗增长快,植株高度差异不明显,原生皮和再生皮生长快,乳管列数相应增多,产胶能力强(张忠伟,2011)。有专家研究认为,最佳的日照时间是5.6 h,因为在土壤水分有限的情况下,长时间的太阳辐射反而会增强加热效应,促进蒸腾,从而限制排胶所需的水分并降低光合作用。同时,日照时间和强度对胶乳中的蔗糖含量具有直接影响,影响乳管或乳汁细胞的代谢活动。

7.2　割胶期气候适宜性评价

近年来,随着现代农业生产水平的发展,农业生产对农业气象业务提出了定量化和精细化的要求。我们通过建立世界橡胶主产区的橡胶树生长发育期、历史产量以及历史气象等数据库,构建基于气象要素如温度、日照、降水及风速等天然橡胶割胶期气候适宜度模型,通过模糊数学的隶属函数方法,定量评价橡胶割胶期内气候适宜度指数与产量的相关性。在此基础上,依托每日气象数据和格点天气预报数据,制作基于气候适宜度的天然橡胶气象灾害监测、预测和气象产量预报等特色农业预报产品。

7.2.1　数据与方法

7.2.1.1　数据来源

气象资料选取海南岛18市(县)气象台站1961—2017年逐月气象要素,包括平均气温、最低气温、降水量、降水日数、日照时数和风速等。1988－2016 年橡胶单产数据来源于海南农垦系统部门和海南省统计局(海南省统计局 等,2017)。

7.2.1.2　橡胶气象产量处理方法

橡胶气象产量主要为计算橡胶单产的丰歉指数(K_{y_i})(王胜 等,2017),方法如下:

$$K_{y_i} = \frac{y_i - \overline{y}}{y_i} \times 100\% \tag{7.1}$$

式中,K_{y_i}是第 i 年产量丰歉指数,y_i是第 i 年的实际单产值,$\overline{y}$是近 5 a 单产的滑动平均值。

利用气象和产量资料,通过最小二乘法构建割胶期的气候适宜指数(S_n)和产量丰歉指数(K_{y_i})的回归模型,其中 a 和 b 为回归模型系数:

$$K_{y_i} = aS_n - b \tag{7.2}$$

参照气象行业标准《主要粮食作物产量年景等级》(QX/T 335—2016)(全国农业气象标准化技术委员会,2016),划分作物单产丰歉指数的大小可将年份分为丰年、偏丰年、持平略增、持平略减、偏歉年和歉年等 6 种类型,分别为 $K_y > 11\%$、$4\% < K_y \leqslant 11\%$、$0\% < K_y \leqslant 4\%$、$-4\% < K_y \leqslant 0\%$、$-11\% < K_y \leqslant -4\%$ 和 $K_y \leqslant -11\%$。对照这 6 种年型,可将产量丰歉指数的界限值分别代入式(7.2)的回归模型,分别得到各区域产量丰歉所对应的割胶期气候适宜度指数的临界值,即割胶期气候适宜性评价指标标准。

7.2.1.3　橡胶割胶气候适宜度模型的构建

农作物气候适宜度是把气候因子(温度、光照、降水等)的数量变化,通过模糊数学中隶属函数的方法转化成对作物生长发育、产量形成、质量优劣的适宜程度(魏瑞江 等,2006)。参考宋迎波等(2013)、侯英雨等(2013)的方法,分别建立橡胶割胶温度、日照、降水和风速的适宜度模型。

(1)温度适宜度函数

根据华南热带作物学院(1991)和郭玉清等(1980)、杨铨(1987)、李国尧等(2014)割胶指标,平均温度在 18～28 ℃为适宜胶乳合成和排胶,其中,最适宜温度为22～25 ℃。根据这一橡胶割胶指标,参考宋迎波等(2013)、谭方颖等(2016)的方法,建立橡胶生长的温度适宜度函数,具体如下:

$$S_T = \frac{(T - T_1)(T_2 - T)^B}{(T_0 - T_1)(T_2 - T_0)^B} \tag{7.3}$$

$$B = \frac{T_2 - T_0}{T_0 - T_1} \tag{7.4}$$

式中:T 表示平均温度,T_1、T_2、T_0 分别为研究时间段内橡胶生长的最低温度、最高温度和最适宜温度;S_T 表示温度为 T 时的温度适宜度,B 表示最高温度和最适宜温度的差值与最适宜温度和最低温度差值之比。

（2）日照适宜度函数

橡胶树要求充足的光照,橡胶树生长良好且产胶量较高。建立的橡胶日照时数的适宜度函数如下:

$$S_s = \begin{cases} e^{-[(S-S_0)/b]} & S > S_0 \\ 1 & S \geqslant S_0 \end{cases} \qquad (7.5)$$

式中:S_s 为日照时数适宜度百分率;S 为实际日照时数百分率;S_0 为特定地区特定时间的可照时数的 55%;b 为常数(黄璜,1996)。

（3）降水适宜度函数

适宜橡胶树生长和产胶的降水指标,郭玉清(1980)研究认为,月降水量>150 mm,月雨日>10 d,最适宜橡胶胶乳合成和排胶。在考虑月降水量和月雨日数的情况下,建立橡胶割胶期降水适宜度函数,建立橡胶割胶期降水适宜度函数,具体如下:

$$S_p = (S_r + S_d)/2 \qquad (7.6)$$

式中:S_p 表示割胶期降水适宜度;S_r 为橡胶在不同月份的降水量适宜度;S_d 为橡胶在不同月份的降水日数适宜度。

其中割胶期降水量适宜度函数为:

$$S_r = \begin{cases} R/R_1 & R < R_1 \\ 1 & R \geqslant R_1 \end{cases} \qquad (7.7)$$

式中:S_r 为割胶期降水量适宜度,R_1 为割胶适宜降水量,R 为生育期内的实际降水量。

割胶期降水日数适宜函数为:

$$S_d = \begin{cases} d/d_1 & d \leqslant d_1 \\ 1 & d_1 < d < d_h \\ d_h/d & d \geqslant d_h \end{cases} \qquad (7.8)$$

式中:S_d 为割胶降水日数适宜度,d_1、d_h 为橡胶割胶期适宜降水日数的上限和下限(单位:d),d 为橡胶割胶期内实际降水日数。

另外,针对每日割胶限制,晨雨>4 mm 就影响割胶(王利溥,1989),可根据日上半夜降水量(20:00—08:00)或晨雨(02:00—10:00)降水量,建立日降水气候适宜度。割胶期晨雨降水量适宜度函数为:

$$S_r = \begin{cases} 1 - R/R_h & R < R_h \\ 0 & R \geqslant R_h \end{cases} \qquad (7.9)$$

式中:S_r 为割胶日的降水适宜度;R_h 为割胶日适宜降水量;R 为割胶日上半夜或晨雨降水量。

（4）风速适宜度函数

橡胶树性喜微风,惧怕强风,在不考虑强风的影响下,当平均风速<1.0 m/s 时,

对橡胶树生长有良好效应;平均风速 $1.0\sim1.9$ m/s 时,对橡胶树生长无影响;平均风速 $2.0\sim2.9$ m/s 时,对橡胶树生长、产胶有抑制作用;平均风速 $\geqslant3.0$ m/s 时,严重抑制橡胶树的生长和产胶。因此,根据橡胶对风速的要求,建立橡胶风速的适宜度函数,具体如下:

$$S_W = \begin{cases} 1 & W \leqslant W_l \\ (29/9) \times (W_h - W)/W_h & W_l < W < W_h \\ 0 & W \geqslant W_h \end{cases} \tag{7.10}$$

式中,S_W 为橡胶割胶期的风速适宜度,W 为实际风速,W_l、W_h 为橡胶割胶期适宜风速的上限和下限。

(5)多要素气候适度模型

气候适宜度模型综合考虑了温度、日照时数、降水量、降水日数和风速等多个要素对割胶的影响,采用几何平均和综合乘积的方法,建立橡胶割胶期综合气候适宜度模型(宋迎波 等,2013;侯英雨 等,2013):

$$S_{(T,P,S,W)} = \sqrt[4]{S_T \times S_S \times S_P \times S_W} \tag{7.11}$$

式中,S_T、S_p、S_S 和 S_W 分别代表割胶期间温度、日照、降水和风速适宜度。

7.2.1.4 橡胶割胶适宜度模型中指标的确定

根据橡胶树生长对温度、降水、光照、风速条件的要求,参考《橡胶栽培学》《橡胶树气象》等前人研究,确立了橡胶割胶适宜度模型中各个割胶指标(表 7.1)。

表 7.1 橡胶割胶期适宜度评价指标

日平均温度/℃			月降水/mm	月雨日/d		日晨雨/mm	日日照时数/h		日平均风速/(m/s)	
T_1	T_2	T_0	R_1	d_1	d_h	R_h	S_0	b	W_1	W_h
18	28	23	150	10	16	10	$6.0\sim7.3$	5.1	1.9	2.9

7.2.1.5 割胶期气候适宜度评价模型的构建

橡胶生长条件、割胶条件和产量高低与其过程中的光、温、水和风条件配置有紧密关系,而且在不同生长时段对光、温、水和风的需求和敏感度存在很大差异。橡胶叶片生长期和割胶期的气候适宜指数,主要由割胶期间各月气候适宜度的加权集成构成的不同时期的气候适宜度指数,权重系数的确定对指数的构建及最终产量预报的准确性具有重要意义。其中,权重系数方法采用绝对值法、归一化法和相关系数法等三种方法进行计算(邱美娟 等,2018)。

(1)绝对值法

逐月气候适宜度与橡胶气象产量的相关系数,每月相关系数的绝对值除以全生育期所有旬的相关系数绝对值的总和:

$$K_i = \frac{|R_i|}{\sum_{i=1}^{n} |R_i|} \tag{7.12}$$

式中，K_i 为第 i 月的权重系数，R_i 为第 i 月气候适宜度与气象产量的相关系数，n 为月份。

（2）归一化法

将气候适宜度与各年橡胶气象产量逐旬的相关系数进行归一化，消除正负号的影响，为：

$$R_{si} = \frac{R_i - R_{min}}{R_{max} - R_{min}} \tag{7.13}$$

式中，R_{si} 为相关系数的标准化值，R_i 为相关系数系列当旬值，R_{max} 为相关系数系列最大值，R_{min} 为相关系数系列最小值。

采用逐旬相关系数归一化数值与全生育期各旬相关系数归一化数值之和的比值作为该旬气候适宜度的权重系数（K_i）：

$$K_i = \frac{R_{s_i}}{\sum\limits_{i=1}^{n} R_{s_i}} \tag{7.14}$$

（3）相关系数法

计算各月气候适宜度与橡胶气象产量的相关系数，各月气候适宜度的权重系数 K_i 为：

$$K_i = \frac{R_i}{\sum\limits_{i=1}^{n} R_i} \tag{7.15}$$

（4）气候适宜度指数

根据割胶时段不同月份气候适宜度的加权集成构成了割胶期气候适宜度指数：

$$CSI = \sum K_i \cdot C_i \tag{7.16}$$

式中，CSI 为割胶期气候适宜度指数；C_i 为第 i 月的气候适宜度。

7.2.2 模型检验

7.2.2.1 气候适宜度指数模型检验

分别利用绝对值法、归一化法和相关系数法确定权重，建立海南儋州地区橡胶割胶期单要素适宜度指数，并用产量丰歉指数作相关统计分析（表7.2）。结果表明，除了降水适宜度指数、绝对值法的温度适宜度指数与产量丰歉指数相关系数未能通过显著检验，其他的温度、日照和风速及气候适宜度指数与产量丰歉指数的相关性基本都通过了 $a = 0.01$ 的显著性水平检验。其中，相关系数法得到的相关系数数值最优，归一化法次之，绝对值法最低，可见，相关系数法和归一化法得出的适宜度指数更能准确地反映割胶期气象因子与产量的关系。

表 7.2 单要素适宜度指数与产量丰歉指数的相关系数

方法	温度适宜度	日照适宜度	降水适宜度	风速适宜度	气候适宜度
绝对值法	0.370	0.486*	−0.190	0.645**	0.608**
归一化法	0.480*	0.721**	−0.102	0.701**	0.623**
相关系数法	0.503*	0.716**	−0.278	0.721**	0.626**

注:* 代表通过了 $a=0.05$ 显著性水平检验,** 代表通过了 $a=0.01$ 显著性水平检验,下同。

7.2.2.2 适宜性评价指标模型的确立及检验

(1)适宜性评价指标模型的确立

利用近 18 a 的气象和产量资料,以最优的相关系数法,确定儋州地区橡胶割胶期的气候适宜度指数(S)和产量丰歉指数(K_y)的回归模型(表 7.3)。经检验,除 1—2 月、1—3 月气候适宜度没有通过 0.05 显著性水平的检验,其他时期的月适宜度累计值均通过 0.05 或 0.01 显著性水平的检验。

表 7.3 不同月份气候适宜度指数与产量丰歉指数的回归模型

月适宜度累计值	回归方程式	R
1—2 月	$S=1.4764K_y-0.1217$	0.466
1—3 月	$S=1.3995K_y-0.1541$	0.461
1—4 月	$S=1.6699K_y-0.261$	0.517*
1—5 月	$S=1.7306K_y-0.4003$	0.549*
1—6 月	$S=1.7746K_y-0.6928$	0.657**
1—7 月	$S=1.8309K_y-0.7812$	0.671**
1—8 月	$S=1.6818K_y-0.961$	0.694**
1—9 月	$S=1.371K_y-1.2027$	0.733**
1—10 月	$S=1.6794K_y-1.0845$	0.729**
1—11 月	$S=1.5137K_y-0.8417$	0.719**
1—12 月	$S=1.3371K_y-0.8087$	0.702**

(2)适宜性评价指标的确定

将橡胶产量丰歉指数的界限值分别代入表 7.3 的回归模型,分别得到不同阶段产量丰歉所对应的气候适宜度指数的临界值,即橡胶气候适宜性评价指标(表 7.4)。

表 7.4 不同阶段气候适宜性评价指标

评价指标	丰年	偏丰年	持平略增	持平略减	偏歉年	歉年
1—2 月	(0.94,1]	(0.66,0.94]	(0.49,0.66]	(0.33,0.49]	(0.05,0.33]	(0,0.05]
1—3 月	(0.75,1]	(0.55,0.75]	(0.44,0.55]	(0.33,0.44]	(0.13,0.44]	(0,0.13]
1—4 月	(0.67,1]	(0.54,0.67]	(0.47,0.54]	(0.40,0.47]	(0.27,0.40]	(0,0.27]

续表

评价指标	丰年	偏丰年	持平略增	持平略减	偏歉年	歉年
1—5月	(0.71,1]	(0.61,0.71]	(0.56,0.61]	(0.50,0.56]	(0.40,0.50]	(0,0.40]
1—6月	(0.90,1]	(0.83,0.90]	(0.78,0.83]	(0.74,0.78]	(0.66,0.74]	(0,0.66]
1—7月	(0.83,1]	(0.77,0.83]	(0.73,0.77]	(0.69,0.73]	(0.63,0.69]	(0,0.63]
1—8月	(0.96,1]	(0.89,0.96]	(0.86,0.89]	(0.82,0.86]	(0.76,0.82]	(0,0.76]
1—9月	(0.98,1]	(0.96,0.98]	(0.93,0.96]	(0.90,0.93]	(0.84,0.90]	(0,0.84]
1—10月	(0.85,1]	(0.80,0.85]	(0.77,0.80]	(0.75,0.77]	(0.70,0.75]	(0,0.70]
1—11月	(0.69,1]	(0.64,0.69]	(0.61,0.64]	(0.58,0.64]	(0.53,0.58]	(0,0.58]
1—12月	(0.69,1]	(0.63,0.69]	(0.60,0.63]	(0.57,0.63]	(0.52,0.57]	(0,0.52]

（3）适宜性评价指标的检验

根据海南儋州地区1999—2016年的单产资料计算历年产量丰歉指数,确定每一年的丰歉年型及适宜等级。利用不同月累计适宜度模型,计算橡胶割胶期的气候适宜度指数,并按照表7.4的评价指标确定适宜等级,对气候适宜性评价指标的效果进行检验。若由气候适宜度指数确定的适宜等级与产量丰歉指数得到的等级一样,赋予分值100分;若上下相差一个等级,赋予分值80分;若相差两个等级,赋予分值50分;若相差三个等级及以上,赋予分值0分。由表7.5可知,橡胶割胶期气候适宜度指数和产量丰歉指数的评价结果,准确率平均分值在70分以上,其中,1—5月分值较低;6月以后,分值逐渐升高,12月达最大为75分。

表7.5 橡胶割胶期气候适宜性评价指标检验

对比分值	1—2月	1—3月	1—4月	1—5月	1—6月	1—7月	1—8月	1—9月	1—10月	1—11月	1—12月
平均得分	70.7	70.7	65.0	67.1	72.1	72.1	72.1	72.1	72.1	70.7	75.0

利用橡胶平均相对气候产量与对应年份1—12月气候适宜度作散点相关图,可定量分析相对气候产量与气候适宜度关系(图7.1)。构建橡胶割胶气候产量模型如下:

$$y=133.71x-80.867 \tag{7.17}$$

式中,x为1—12月气候适宜度,y为相对气候产量(%)。

利用气候产量模型即可推算1999—2016年橡胶气候丰歉指数,并依据气候丰歉程度划分气候年景等级。与相对气候产量对比,近17 a橡胶割胶气候年景完全准确的有13 a,准确率达76.5%;年景评估偏轻的有3 a,偏重的有1 a,累计仅占23.5%;无与评估结论相反的结果。

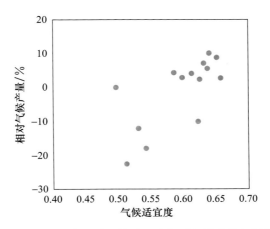

图 7.1　1999—2016 年海南儋州地区橡胶平均相对气候产量与气候适宜度散点图

（4）适宜性评价指标的应用

利用 2017 年儋州地区气象资料计算不同阶段的气候适宜度指数，再根据丰歉指数对应的适宜度指标进行对应，详见表 7.6。由表可知，适宜性指标评价结果与实际气候情况基本一致，大部分时段两者相差一个等级，即指标模型能够较为准确地反映橡胶割胶不同阶段内气候条件的适宜程度。因此认为，建立的气候适宜性评价指标基本可进行业务应用。

表 7.6　橡胶气候适宜性评价指标 2017 年应用检验

2017 年产量丰歉指数	气候实际情况	1—2月	1—3月	1—4月	1—5月	1—6月	1—7月	1—8月	1—9月	1—10月	1—11月	1—12月
+2.9%（持平略增）	偏丰年	偏丰年	偏丰年	偏丰年	偏丰年	偏丰年	偏丰年	偏丰年	偏丰年	偏丰年	丰年	偏歉年

7.2.2.3　海南岛橡胶割胶期适宜度特征

根据以上适宜度公式（7.3）—（7.11），分别计算海南岛橡胶割胶期 1—12 月温度适宜度、日照适宜度、风速适宜度、降水适宜度和气候适宜度。图 7.2 显示海南岛天然橡胶单要素适宜度，其中日照适宜度最高、风速和降水适宜度次之，温度适宜度最低，表明了海南岛光照、降水资源充足，大部分地区风速能满足橡胶树胶乳合成和产胶，而温度是影响割胶的主要限制因子。

从割胶的不同月份来看，（1）温度适宜度为 0.22～0.86，其中 10 月、4 月和 9 月适宜度在 0.7 以上，其次 3 月、5 月和 11 月适宜度在 0.6 以上，6—8 月适宜度为 0.4～0.6，12 月至次年 2 月最低，不足 0.4。说明海南春季和秋季温度有利于胶乳合成和排胶；6—8 月温度过高，导致胶乳凝结，不利于排胶；而 12 月至次年 2 月温度低，不利于橡胶树胶乳合成,且胶乳不易凝结,排胶时间长,易损伤树体。(2)日照适宜度较高,全年为 0.66~0.88,除了冬季 12 月—次年 2 月低于 0.7,其他月份都较高,说明海南岛光照能满足橡胶树生长和橡胶生产。(3)风速适宜度为 0.64~0.80,其中 5—9 月适宜度都在 0.7 以上,10 月至次年 4 月都在 0.6~0.7。(4)降水适宜度在 0.33~0.90,其中,5—10 月适宜度都在 0.85 以上,11 月—次年 4 月适宜度在 0.3~0.6,这与海南季风性气候有关,海南月降水量呈单峰型分布,雨季主要在 5—10 月,其他月份降水少,容易造成作物干旱。(5)气候适宜度为 0.43~0.80,其中 4—11 月适宜度在 0.7~0.8,适宜橡胶树胶乳合成和割胶作业,12 月—次年 3 月气候适宜度低于 0.6,不适宜橡胶产胶和采胶。

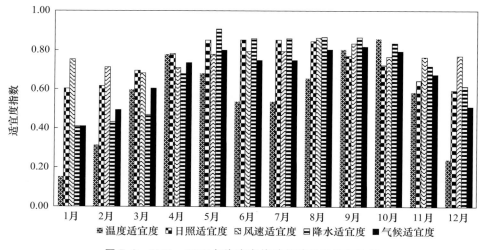

图 7.2　1961—2017 年海南岛橡胶割胶适宜度平均值

7.2.2.4　海南岛橡胶割胶适宜度空间分布特征

受纬度和地形环境影响,海南橡胶割胶期气候适宜度指数存在着明显的地域差异。分析海南岛橡胶割胶适宜度的空间分布情况表明,其中温度适宜度为 0.45~0.65(图 7.3a),高值区域分布在中南部地区,西北部内陆次之,低值区域分布在西部、北部沿海。日照时数适宜度在 0.72~0.84(图 7.3b),高值区域分布在西南半部,低值区域分布在中部山区和东北部内陆。风速适宜度在 0.21~0.92(图 7.3c),高值区域分布在中部地区,低值区域分布在本岛四周的沿海市(县),以东方和海口沿海最低,分别为 0.21 和 0.47。降雨适宜度为 0.48~076(图 7.3d),高值区域分布在东北半部,低值区域分布在西南半部。

在光照、温度、水分和风速的综合影响下,气候适宜度在 0.44~0.75(图 7.3e),高值区域主要分布在海南岛中部的屯昌、白沙、琼中、五指山、乐东和保亭地区,该地区温度适宜度较高,降水量充足,年平均风速小;低值区域主要分布在西部东方、北部的临高和海口沿海地区,该区主要因为年平均风速大,且年降雨量不足,易造成干旱;其余地区为适宜度次高值区,该地区热量和降水都比较充足,但部分地区容易受高温干旱或遭受台风等风害影响,应注意防范。

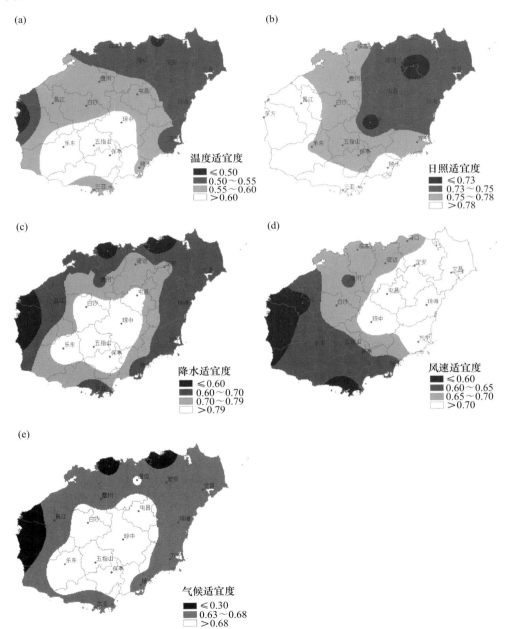

图 7.3　海南岛橡胶割胶温度(a)、日照时数(b)、风速(c)、降水(d)和气候适宜度(e)的空间分布

7.2.2.5　海南岛橡胶割胶期适宜度年际变化特征

图 7.4 是海南岛橡胶割胶期适宜度年际变化情况。从单要素适宜度看,风速适宜度增大趋势非常显著(通过 0.001 的显著性检验),气候倾向率每 10 a 增加 0.05;日照时数适宜度减小趋势较显著(通过 0.01 的显著性检验),气候倾向率每 10 a 减小 0.006;而温度适宜度和降水适宜度线性增减趋势不显著(没有通过检验)。这是由于气候变化的影响,海南岛的年平均风速呈现弱的减小趋势(王春乙 等,2014;陈小敏,2014),非常有利于橡胶生长和割胶;年日照时数呈明显的下降趋势,对橡胶光合作用造成不利影响,减少胶乳合成;年平均气温呈增温趋势,对橡胶综合影响不明显;年降水量均呈增加趋势和年雨日(日降水量≥0.1 mm 日数)呈微弱的减少趋势(吴岩峻,2008),对橡胶应该起到积极作用,但是也可能导致暴雨出现的概率增大,降水适宜度总体影响不显著。

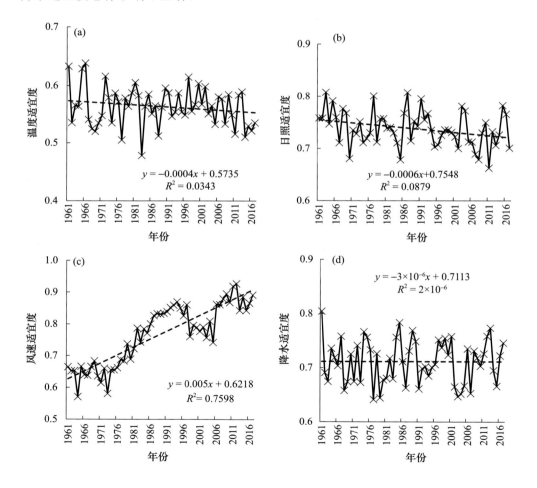

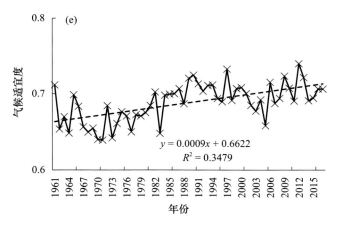

图 7.4 1961—2017 年海南岛橡胶割胶期温度(a)、日照(b)、风速(c)、降水(d)及气候(e)适宜度年际变化

1961—2017 年海南岛橡胶割胶期气候适宜度变化情况(图 7.4e)总体呈上升趋势(通过 0.001 的显著性检验),气候倾向率每 10 a 增加 0.009。其中,20 世纪 60—70 年代气候适宜度为 0.64,80 年代为 0.67,90 年代—21 世纪最初 10 a 为 0.68,2011—2017 年为 0.72。气候适宜度最小年出现在 1964 年和 1973 年,为 0.61,最大年出现在 2012 年,为 0.75。

图 7.5 是 1961—2017 年海南岛橡胶割胶期气候适宜度线性变化趋势空间分布,大部分地区呈现线性增大趋势,在 0.009/(10 a)～0.030/(10 a),其中,西部昌江、西北部临高和海口、东北部文昌及南部五指山和三亚适宜度呈现特别明显的线性增大趋势,在 0.013/(10 a)以上(通过 0.001 的显著性检验);而西部东方、东南部万宁、保亭和陵水变化不明显,在 0.008 以下,也没有通过显著性检验;其余地区线性增大趋势在 0.009/(10 a)～0.013/(10 a)(通过 0.005 以上的显著性检验)。

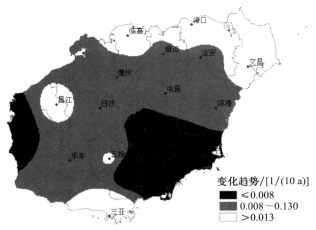

图 7.5 1961—2017 年海南岛橡胶割胶期气候适宜度线性变化趋势空间分布

7.2.3　结论与讨论

(1)相对于其他大田作物(宋迎波 等,2013;侯英雨 等,2013;张建军 等,2013;金志凤 等,2014b;刘琰琰 等,2015),本研究第一次将气候适宜度结合橡胶不同时段对气候条件的要求,构建了儋州地区橡胶温度、日照时数、降水量和降水日数、风速等气候适宜度模型。

(2)利用不同时段橡胶气候适宜度与产量丰歉指数的关系,采用相关系数法、归一化法和绝对值法三种方法确定权重,并选择效果最优的相关系数法进行计算,提高了气候适宜度指数模型的准确性。根据相关系数法建立的气候适宜度指数模型,结合产量丰歉指数阈值,建立了不同阶段橡胶气候适宜性评价指标。

(3)1999—2016 年的数据检验结果表明,准确率平均分值在 70 分以上,越往后期,准确率越高。基于气候适宜度的年景评估表明,橡胶割胶年景评估完全准确的有 13 a,准确率达 76.5%,无与评估结论相反的结果。可见,橡胶割胶年景评估模型较为科学合理。2017 年应用结果较好,评价结果与实际气候情况基本一致,大部分时段两者相差一个等级,说明建立的气候适宜性评价指标可以用于橡胶适宜程度评价服务。

(4)海南岛橡胶割胶期日照适宜度最高,降水和风速适宜度次之,温度适宜度最低,表明了海南岛光照和降水资源充足,能满足橡胶树胶乳合成和排胶,而海南岛处于热带北缘和季风气候区,温度是影响割胶的主要限制因子。橡胶割胶气候适宜度在 0.43~0.80,其中 4—11 月适宜度在 0.70~0.80,适宜橡胶胶乳合成和割胶作业,12 月—次年 3 月气候适宜度低于 0.60,不适宜橡胶产胶和采胶,容易导致胶乳长流不止,损伤树木。

(5)橡胶割胶期气候适宜度分布空间差异显著,温度适宜度呈中南部地区高,日照适宜度呈西南部高,降水适宜度呈中偏东北部高,风速适宜度呈中高四周低分布。综合而言,气候适宜度高值区域主要分布在海南岛中部的屯昌、白沙、琼中、五指山、乐东和保亭地区,该地区温度适宜度较高,降水量充足,年平均风速小;低值区域主要分布在西部东方、北部的临高和海口沿海地区,该区主要因为年平均风速大,且年降雨量不足,易造成干旱;其余地区为适宜度次高值区,该地区热量和降水都比较充足,但部分地区容易受高温干旱或遭受台风等风害影响,应予以重点防范。

(6)受气候变化影响,海南岛橡胶割胶期气候适宜度变化情况总体呈上升趋势,平均气候倾向率为 0.009/(10 a);其中,20 世纪 60—70 年代低,2011—2017 年高。上升趋势主要贡献来自风速适宜度的增大,这是由于海南岛的年平均风速呈现弱的减小趋势(马玉坤 等,2015;刘琰琰 等,2015),对橡胶生长和割胶更为有利。其中,西部昌江、西北部临高和海口、东北部文昌及南部五指山和三亚适宜度呈现特别明显的线性增大趋势。

　　本章构建的橡胶割胶期气候适宜度模型能综合反映气候条件对割胶的影响,有效地刻画了海南岛橡胶割胶期气候适宜度优劣动态变化过程。然而,橡胶生长、产量形成不仅与气候要素间存在相互影响、相互作用的复杂关系,还与土壤、水肥管理、社会经济效益等其他因子密切相关。另外,由于橡胶是多年生植物,橡胶单产不仅跟当年气象条件有关,还与往年气候条件息息相关。例如,一次强台风,导致橡胶树断倒、死亡,亩株数减少(杨少琼 等,1995),可以影响到次年甚至此后几年。同时,橡胶产量与当地割胶农户割胶的意愿也有很大关系,干胶价格大涨,胶农采取多种手段增加产量;价格低迷,割胶农户放弃割胶。这些均可能是造成指标评价的适宜性与实际情况存在一定偏差的原因。为了进一步提高橡胶生产年景评估精度,今后的工作中要深入研究,以提高评估的科学性和准确率。

第8章

橡胶农业保险

8.1 天气指数保险的发展历程与优势

世界范围内,农业都是一个高风险的产业,而农业的风险多由灾害性天气引起。这些发生频率不高,损失程度较大的灾害性天气,危害农作物生产和农民稳定增收。政府和社会发展了许多风险管理工具,帮助农民提高抵御风险的能力。农业保险是转移和分散农业风险的重要手段之一。

随着农业保险的实践发展,传统农业保险的弊端逐渐暴露,保险公司经营农业保险的成本居高不下,费率高、费用高与农民购买力低之间的矛盾日益加剧,道德风险和逆向选择难防范(牛浩 等,2015)。这些问题长期困扰着传统农业保险的发展。

为突破传统农业保险发展的束缚,出现了一批理赔费用低、理赔速度快、道德风险性低的指数保险产品。世界上第一种天气指数保险于1997年在美国诞生,主要用于补偿能源行业由于异常天气造成的损失。当前,在发达国家,主要是美国和加拿大,都有农业指数保险,主要有地区产量指数保险(以某一地区的平均产量为指数)、植被绿色指数保险(以卫星图像显示的草场和牧场颜色为指数)、天气指数保险(以降水和温度等为指数)以及牲畜价格指数保险等形式,但总体市场份额较小(张玉环,2017)。

在世界银行、世界粮食计划署、国际农业发展基金等国际组织的资助与扶持下,印度、阿根廷、南非、马拉维、肯尼亚、埃塞俄比亚、中国等地处农业脆弱区域的国家也推出了天气指数农业保险。发展中国家的天气指数农业保险,多数为降水指数保险,以作物生长期或生长关键期的降水累积量为指数,承保干旱或涝灾风险(张玉环,2017)。

我国天气指数保险起步较晚。上海安信农业保险公司于2007年推出了我国第一个西瓜天气指数保险,为西瓜种植过程中遭受强降雨及连续阴雨天气造成的损失提供保险。此后,天气指数保险的试点范围不断扩大,相关的理论研究和实践上的成效也不断涌现。2014年8月,国务院发布了《关于加快发展现代保险服务业的若干意见》(国发〔2014〕29号),提出"探索天气指数保险等新兴产品和服务";2015年9月,中国保监会出台了《关于做好农业气象灾害理赔和防灾减损工作的通知》,要求各财产保险公司"加快推进天气指数保险"(中国保监会,2015)。到2019年,我国已经开发了种类繁多的天气指数保险产品。从保险标的来看,目前国内天气指数农业保险主要以特色作物为主,占主要天气指数保险试点产品的95%以上(丁少群,2017)。目前天气指数保险已经覆盖到十几个省,例如:浙江的茶叶天气指数保险、山东的苹果天气指数保险、广西的荔枝天气指数保险、海南的橡胶树天气指数保险。甚至某些省份已经有数十份天气指数保险产品(丁少群,2017)。我国的天气指数保险发展过程就是特色作物天气指数保险扩张的过程。但天气指数保险产品占据的市场份额不足农险的1%。天气指数农业保险过度依靠财政保费补贴、基差风险大、产品数量多,保单价值低,单个产品覆盖面小等特点制约着它的快速发展。2019年财政部、农业农村部、银保监会、林草局联合发布《关于加快农业保险高质量发展的指导意见》(财政部 等,2019),提出推动农业保险"保价格、保收入",防范自然灾害和市场变动双重风险。

天气指数保险经过十几年的试点实践,优势与弱点逐渐显现,其独有的科学优势被广泛认同。

(1)运营成本低、赔付效率高

传统农业保险存在赔付难度大、定损赔付流程复杂和赔付成本高等问题。2018年我国农业保险保费总收入578亿元,赔付支出401亿元。以安华农业保险公司为例,2018年保费收入51亿元,赔付支出33亿元(《中国保险年鉴》编委会,2019)。传统农业保险高额的投保、查勘理赔运营成本不仅影响了保险赔付效率,影响了保险实践效果,还增加了保险公司赔付压力。相比传统农业保险而言,天气指数保险赔付流程简单、经营成本低,即使新区域不具备定损赔付人员,也能进行天气指数保险业务推广,为天气指数保险业务区域推广提供保障,也为农户理赔提供了便利。农业保险作为政策性补贴农业的重要手段,保费收入的60%~80%来源于财政补贴(丁少群,2017)。结合赔付比例来看,30%左右的补贴资金没有利用到农民手中,这是严重的财政资金"漏出"(龚晓宽 等,2006)。发展天气指数保险可以有效地减少"漏出",增强政策补贴资金的有效性。

(2)赔付参照指标客观,减少道德风险

天气指数保险主要以气象站监测的客观指标为理赔依据,这种理赔方式避免了伪造数据、骗保行为,既规范了农业保险市场环境,又保护了保险公司的利益。当农业生产过程中发生天气指数保险约定的灾害时,农户自动获得约定的气象指标致灾实况对应的理赔金额。这维护了农户的权益,有效地减轻了保险公司勘察、赔付工作压力。

(3)保险产品开发速度快

在农业保险产品销售过程中,需要根据市场需求,快速开发保险产品。特色经济作物存在规模小、地块分散,历史相关研究少、价格等数据不全等情况,难以迅速建立传统保险产品。天气指数保险依托气象观测规范、历史延续性好等优点,能够快速开发出满足市场需要的特色作物天气指数保险产品。

8.2 海南橡胶树风灾保险发展历程

天然橡胶不仅是重要的工业原料,更是国防和工业建设不可或缺的战略物资。橡胶树作为重要的经济作物在热带地区农民增收和经济发展中发挥着越来越重要的作用。海南岛经过近 60 a 的发展,成为我国最大的天然橡胶生产基地之一。因海南岛地处"台风走廊",台风频繁,对橡胶生产影响较大,橡胶树受风灾后,难以恢复,单位面积内橡胶植株数缺少,将来连续多年橡胶单位面积产量偏少,给广大胶农的生产、收入造成了很大影响。

为稳定海南岛橡胶正常生产、保障胶农收入,海南省政府积极探索农业保险在天然橡胶种植中的应用,不断地探索发展,在分散橡胶种植天气灾害风险上发挥了重要的作用。2007 年,海南省政府出台了《关于建立海南省农业保险体系的意见》,并在同一年又出台了与之配套的《海南省农业保险试点方案》。橡胶树风灾保险成为海南农业保险的试点险种。随着财政补贴力度的不断加大和农户投保意识的增强,海南橡胶风灾保险逐渐发展。

2009 年 6 月 30 日,中国人民财产保险股份有限公司海南省分公司(下文简称为"中国人保财险海南省分公司")首次接受了海南橡胶集团(以下简称海胶集团)橡胶树风灾保险的统一投保,此次保险总金额如果按照橡胶树经营成本计算(除人工工资以外),将高达 46 亿元之巨,海胶集团每年需向保险公司支付 4800 万元保费,并从保险公司获得总共 9600 万元的累计赔偿限额。2010 年,中央财政和海南省财政分别给予 40% 和 25% 的补贴,海胶集团仅自行负担 35%,在如此之大的财政支持下,海胶集团又以 4800 万元的保费续保了公司下的所有橡胶树。此时橡胶树保险保障的主要是台风和强热带风暴,未开割的橡胶树单株保额 50 元,已开割的橡胶树单株保额 80 元,最高保险赔偿限额 9600 万元(王步天,2014)。

2012 年后,项目名称由"橡胶树风灾统保项目"更名为"橡胶树综合保险统保项目",财政补贴比例和单株保额均不变,2012 年保费 8000 万元,补偿限额 1.6 亿元,在原有台风和强热带风暴保险责任的基础上,增加了低温灾害、干旱保险责任。2013 年保费总额为 1.42 亿元,赔偿限额为 3 亿元。人保财险海南省分公司于 2014 年 4 月 2 日向海胶集团支付了 1.5412 亿元的综合赔款,创下了 2011 年支付赔款 9600 万元的新纪录,再创农业保险单单笔赔付金额最高纪录。2007—2014 年间,累计完成橡胶种植面积 1874.15 亩,累计实现保费 5.46 亿元,提供风险保障 293.45 亿元,支付保险赔款 4.17 亿元。近 8 a 来,各级财政累计投入保费 3.37 亿元,撬动社会资金 293.45 亿元,保障全省胶农风险,使财政资金的投入效益扩大了 87 倍,其中,海胶集团橡胶树种植保险项目就是海南橡胶树种植保险的成功范例，橡胶保险也实实在在为橡胶树立起了一道"防风墙"（孙文菁，2016）。

2012年11月，财政部正式发文批准世界银行技术援助贷款项目"海南省橡胶树风灾指数保险研究与试点"，项目执行期为2012—2013年。通过对国内外台风灾害保险、农业指数保险的建立和管理经验进行广泛调查，对海南橡胶树风灾模型进行研究，设计海南橡胶树风灾指数保险产品并进行试点，开发海南橡胶树风灾保险产品软件系统。该项目完全由国内研究者和保险公司共同承担。2014年，基于北京师范大学及北京大学科研人员研发的台风巨灾模型的指数保险方案完成。2015年由人保财险设计的橡胶树风灾指数保险产品，开始在海南万宁、儋州等地的多个农场投入试点，参保橡胶林一万余亩（刘新立 等，2017）。为尽可能降低基差风险，气象部门在科学选址的基础上，合理配套加密了自动气象观测站，开始切入天气指数气象保险工作。

8.3　橡胶树风灾保险技术路线

刘新立等（2017）依托世界银行项目开发的橡胶树风灾天气指数保险研究技术路线图如图8.1所示。

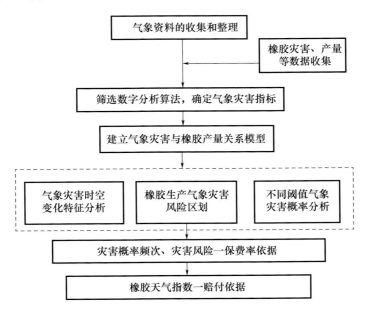

图8.1　海南省橡胶树风灾天气指数保险研究技术路线

台风(含热带气旋,下同)灾害是影响海南最严重气象灾害之一。(台风)带来的强风可以对橡胶树造成物理性损伤,影响其产胶能力,甚至橡胶树倒伏绝收。而且台风对橡胶树生产的损伤和恢复时间较长,甚至可能是长期和持续的。为完善救灾和恢复生产补偿机制,分散台风给橡胶种植户的灾害损失风险,海南开展了世界银行技术援助项目"海南省橡胶树风灾指数保险研究与试点",力求通过研发合理有效的天气指数保险产品,为海南橡胶树台风灾害风险提供保险解决方案。

天气指数保险产品设计的关键是选择合适的保险指数,它决定着天气指数保险产品能否发挥优势,克服不足。北京大学刘新立(2017)在详细调查的基础上,根据橡胶园历史台风灾害损失的详细数据,结合模拟的台风风力强度指标,对橡胶树风灾保险指数的选择和设计进行了研究。并开发了满足海南省橡胶树风灾指数保险所需的致灾阈值。

8.4 海南橡胶树风灾指数保险的指数设计

8.4.1 海南橡胶树风灾损失机制分析

准确理解台风的致灾—成害机制是进行指数保险设计中有效的指数指标选取的前提和基础,在对台风对橡胶树致灾成害机制详细调研基础上发现:橡胶树风灾成灾的核心是台风发生时,在风力矩与重力矩的共同作用下,橡胶树的主干或树冠发生倒伏与弯折。在风压的动力作用下,橡胶树发生倒伏、弯曲和扭转振动。橡胶树倒伏的力学条件是树冠风振载荷产生的倒伏力矩大于其根系的附着力矩。橡胶树弯折的力学条件是由风振载荷产生的交变应力引起树干疲劳。橡胶树在风振载荷作用下,往往包含有弯曲和扭转的组合作用。由于损失由风力矩与重力矩共同造成,橡胶树风灾损失主要由风力与橡胶树生长状况决定。

刘新立(2017)结合橡胶农场对台风灾害的传统定义及保险指标定义需求,将橡胶树风灾损失分为五个类型,分别为倒伏、半倒、断主干 2 m 以下、断主干 2 m 以上和全部主枝折断(表 8.1)。其中,倒伏以及在 2 m 以下位置主干折断会导致橡胶树完全丧失生产能力,因此,通常计为 100% 损失;而其他损失类型则只是使橡胶树的生产能力受到一定程度的影响,因此,通常计为 50% 的损失。

表 8.1　橡胶树风灾受损类型及含义说明

损失类型	损失情况
倒伏	指橡胶树主干倾斜超过45°,即橡胶树主干倾斜后与地平线(面)夹角小于45°。
半倒	指橡胶树主干倾斜30°～45°,即橡胶树主干倾斜后与地平线(面)夹角大于或等于45°且小于或等于60°。
断主干2 m以下	指橡胶树主干2 m以下折断,即橡胶树主干折断的断截面(部位)离地面高度小于2 m(含2 m)。
断主干2 m以上	指橡胶树主干2 m以上折断,即橡胶树主干折断的断截面(部位)离地面高度大于2 m(含2 m)。
全部主枝折断	指橡胶树的主枝全部折断。

　　调查表明,影响橡胶树风灾损失的主要因素有台风等级和风速大小。气象上表示风灾强度的指标通常是风速,而台风灾害事件的持续时间从小时到天都有,选择哪个时间节点的风速代表灾害强度是关键问题之一。气象研究和观测中,定量描述台风风力强度的指标有阵风风速和最大风速两类。其中,阵风风速一般是指某一时间段内瞬时风速的最大值,最大风速则是10 min内风速的平均值。阵风风速通常是在最大风速区间的一个瞬时极值。

　　调研显示,长时期的平均风力可能更多引起橡胶树的倒伏,而瞬时阵风风速则是主枝、主干折断的主要原因。除此之外,风向的变化也会对损失造成显著的影响。如同一场台风灾害过程中,因台风中心位置移动导致特定区域风向发生变化,则可能导致橡胶树在不同时刻承受不同方向的风压,使得倒伏或折断的概率上升。因此,从致灾因子的角度而言,台风过程中的阵风风速、最大风速以及风速的变化均可以考虑为备选指标。

　　橡胶树自身的差异也是影响风灾损失不同的重要原因。影响橡胶树抗风能力的因素众多,有橡胶树品系的不同、树龄的不同、栽培措施的差异等。不同的橡胶树品系内部的木质脆性不同,抗风能力差异显著。分析南华农场9个橡胶树品系生长、木材特性及其与台风损失之间的相关性发现,不同橡胶树品系间生长和木材特性存在显著差异,纤维形态、树皮厚度、树围和木材基本密度均有不同,树围和木材基本密度与抗风性存在显著相关性,这可能是造成橡胶树不同品系间抗风性差异的原因。相关性分析得出,风害损失与树皮厚度,树围和木材基本密度存在极显著的正相关,断倒率和平均风害级别与纤维宽度存在显著负相关性。

　　树龄是影响橡胶林抗风能力的另一个因素。树龄较低的橡胶树,树冠小,树干和枝条细软,当风吹来弯折的角度更大,受灾程度往往较轻;6～15 a的成龄树因其地上部分增长快,木材基本密度还未发育到最紧实;地上树冠大,强风吹来,往往会使树干偏低位置折断,受灾程度比较严重;树龄较高的老龄树,木材基本密度较高,受灾程度会逐渐减轻。各农场不同的栽培情况也会造成受灾程度的差异。栽培过程中,施用过多氮肥往往促进橡胶树枝叶茂盛,增大树冠,增大受风面积,造成更严重的风害损失。

局地孕灾环境特征也会影响风灾损失。这些孕灾环境要素包括橡胶林所处位置的地形条件、周边防护林的建设情况、土壤类型以及前期降水等。其中,橡胶林周边地形条件会影响局地风的流向和风速,山谷位置往往产生"峡谷效应",局部地区风力增大导致的风灾损失严重。另外,在临近迎风坡面的位置,近地表风速将显著地大于背风坡面。橡胶林周边环境也能导致显著的风灾异质性,在上风方向的防护林可以有效地降低橡胶林附近的风速。而土壤类型与台风风前降水等要素,也可能使得局地土壤湿度大幅上升甚至饱和,增加橡胶树倒伏的可能性。

8.4.2 天气指数构建

天气指数保险产品设计过程中重要的是构建与灾害损失关系密切的天气指数。天气指数可以由单一气象要素构成,也可以是多个气象要素构成的综合气象指数。一般应满足客观性、独立可验证性,并具有较好的稳定性。指数可采用已有的气象灾害指标,也可通过统计分析方法构建得到与减产率显著相关的指数作为反映保险标的物灾害损失程度的天气指数。通常有两种构建方法:①基于已颁布的国家标准、行业标准、地方标准或应用于业务的指标等规范化农业气象灾害指标,确定造成保险标的物灾害的天气指数。②通过查阅文献,初选造成保险标的物灾害的相关气象要素(光、温、水),采用敏感系数、方差分析或多重比较等方法分析减产率与气象因子的关系,按照引入因子对产量的影响最大,且因子之间相关性较低的原则,筛选灾害关键致灾因子作为保险标的物灾害的天气指数。本节采用的海南橡胶树风灾天气指数保险产品通过第 2 种方法构建(刘新立 等,2017)。

橡胶树风灾历史损失数据主要取自《海南省农垦资料汇编(1950—2001)》。在该数据资料记录了 1970—2001 年间影响海南省橡胶生产,并造成损失的 51 次台风过程。橡胶树风灾历史损失数据时间范围为 1970—2011 年,空间尺度分为省、市(县)、农场、生产队四个级别。在研究中,考虑到台风影响的空间尺度、灾害的空间异质性以及统计的准确性,主要选用农场尺度的损失进行建模。入选的 72 个农场基本覆盖海南岛全岛范围,数据均来自海南天然橡胶产业橡胶集团股份有限公司。

在农场的台风灾情记录中,台风编号、登陆时经纬度,以及分别对开割树和未开割树受灾情况记录,灾害等级按照全倒、半倒、2 m 以上断主干、2 m 以下断主干以及全部主枝折断五种类型测算了损失率。经数据的质量控制和完整性分析,研究中选择了"7220 号""0312 号""0518 号""0907 号""0919 号""1002 号"六次台风过程,360 个有效样本建立天气指数—灾损模型。

　　与历史损失数据进行匹配的主要备选指标是台风风速与风向,主要使用了由北京师范大学自主研制的台风参数风场模型(林伟 等,2013;李心怡 等,2014;石先武 等,2015)。该模型利用西北太平洋历史台风路径数据(中国气象局)生成了计算每6 h 间隔的台风中心位置、中心最低气压、最大风速、最大风速风向以及最大风速半径。在此基础上,利用参数风场模型生成了历次台风过程中每个 1 km 空间单元、每6 h 间隔的时点 10 min 内平均风速(以下简称平均风速,u)和 5 s 阵风风速(以下简称阵风风速,v)。模型输出的所有风速数据均经过地形干扰修正,并经过历史数据的校验。与现有研究中通常使用的气象台站观测的日值数据相比,模型输出结果的最大优势是在保障模拟精度基础上,更高的空间分辨率和时间分辨率,从而详细描述每个农场范围内的风速和风向信息。

　　在将历史损失数据与指数备选指标进行匹配的过程中,重点是对两类数据在时间和空间尺度上进行对应。首先考虑空间差异性,各个橡胶农场范围内通常包含若干个 1 km 网格,对橡胶农场的总体风速进行表达,可取所有网格风速的最大值($u\_$、$v\_$)或平均值($u\_$、$v\_$)。在时间上,台风生命周期通常为数小时到数十小时不等,因此,单一台风生命周期内会有若干不同的最大风速和阵风风速值。针对时间上的变异性,我们分别再对前述四个指标取其时间序列上的最大值(max)、最小值(min)、平均值(ave)和标准差(sd),共构成 $4\times4=16$ 项风速备选指标。

　　为了定量表达风向变化对橡胶树损失的影响,定义了风向变动指标(direction variation,dv):即在任意仿真时刻的风向与上一仿真时刻相比,风向发生的变化。在单一台风生命周期内的若干个仿真时刻上,风向变动也构成了时间序列,相应可取其最大值、最小值、平均值和标准差,共 4 项备选指标。

　　除上述数据外,由气象台站记录的台风风前降水量(ppj)、台风期间降水量(pj)被作为孕灾环境数据进行了考虑。与此同时,由 30 m 空间分辨率的 DEM 高程数据生成的各个农场内范围的地形起伏度(topology,tp)也被作为孕灾环境数据进行了考虑。

　　参与筛选的指标见表 8.2。

表 8.2　橡胶风灾危险性筛选指标(刘新立,2017)

	变量名	变量描述	变量类型
因变量	损失率	已开割树和未开割树(2 类)、五种损失类型的损失率和总损失率(5+1 类),共 12 组类型	连续型
台风大风指标	Max_Umax	农场范围内最大平均风速(在台风事件期间)的时间序列最大值(m/s)	连续型
	Max_Uave	农场范围内平均平均风速的时间序列最大值(m/s)	连续型
	Max_Vmax	农场范围内最大阵风风速的时间序列最大值(m/s)	连续型
	Max_Vave	农场范围内平均阵风风速的时间序列最大值(m/s)	连续型
	ave_Umax	农场范围内最大平均风速的时间序列均值(m/s)	连续型

续表

变量名	变量描述	变量类型
ave_Uave	农场范围内平均平均风速的时间序列均值（m/s）	连续型
ave_Vmax	农场范围内最大阵风风速的时间序列均值（m/s）	连续型
ave_Vave	农场范围内平均阵风风速的时间序列均值（m/s）	连续型
Min_Umax	农场范围内最大平均风速的时间序列最小值（m/s）	连续型
Min_Uave	农场范围内平均平均风速的时间序列最小值（m/s）	连续型
Min_Vmax	农场范围内最大阵风风速的时间序列最小值（m/s）	连续型
Min_Vave	农场范围内平均阵风风速的时间序列最小值（m/s）	连续型
Sd_Umax	农场范围内最大平均风速的时间序列标准差（m/s）	连续型
Sd_Uave	农场范围内平均平均风速的时间序列标准差（m/s）	连续型
Sd_Vmax	农场范围内最大阵风风速的时间序列标准差（m/s）	连续型
Sd_Vave	农场范围内平均阵风风速的时间序列标准差（m/s）	连续型
Max_dv	风向变化的时间序列最大值（°）	连续型
Ave_dv	风向变化时间序列均值（°）	连续型
Sd_dv	风向变化时间序列标准差（°）	连续型
duration	台风持续时间（d）	连续型
Acc_Ppre	风前 7 d 累积降雨量（mm）	连续型
Ave_Ppre	风前 7 d 小时平均降雨量（mm/h）	连续型
Acc_Pin	台风期间累积降雨量（mm）	连续型
Ave_Pin	台风期间小时平均降雨量（mm/h）	连续型
tp1	农场高程标准差小于等于 28.78 时为 1；其他时为 0	分类变量
tp2	农场高程标准差大于 28.78 小于等于 54.4 时为 1；其他时为 0	分类变量
tp3	农场高程标准差大于 54.4 小于等于 84.14 时为 1；其他时为 0	分类变量
tp4	农场高程标准差大于 84.14 小于等于 107.64 时为 1；其他时为 0	分类变量
tp5	农场高程标准差大于 107.64 时为 1；其他时为 0	分类变量

（左侧分类：台风大风指标、台风降水指标、环境指标）

8.4.3 拟合结果与风灾损失对比分析

在模型形式方面，多元线性模型由于其简单、经济含义清楚而被广泛用于多解释变量的问题中。因此，我们选择了基于最小二乘法的多元线性回归模型进行变量选择。在回归过程中使用了后向逐步回归的方法，以从较多的备选指标中选出解释能力相对更好的变量。已开割橡胶树和未开割橡胶树的结果分别列入表 8.3 和表 8.4，其中分别包括总损失率及五种损毁状态的回归结果。表中只列出了在 0.05 的显著性水平上显著的变量。

表 8.3　已开割橡胶树损失与风灾危险性指标的多元回归结果（刘新立，2017）

变量	总损失	全倒	半倒	断干 2 m 以上	断干 2 m 以下	断主枝
截距	0.443 (0.176)*	−0.048 (0.022)*	−0.002(0.019)	0.200(0.07)**	0.178 (0.087)*	−0.029 (0.026)
Max_Umax	—	—	—	−0.025 (0.009)**	—	—
Max_Uave	—	0.023 (0.004)***	−0.022 (0.01)*	—	—	0.015 (0.003)***
Max_Vmax	0.023 (0.004)***	—	—	0.014 (0.007)*	—	—
Max_Vave	0.027(0.005)***	—	0.017 (0.006)**	0.02(0.005)***	0.007(0.001)***	—
ave_Umax	−0.866(0.133)***	−0.129 (0.059)*	−0.146(0.041)***	−0.232 (0.083)**	—	—
ave_Uave	—	—	—	—	0.115 (0.055)*	—
ave_Vmax	—	—	—	—	—	—
ave_Vave	—	0.107 (0.034)**	—	0.144 (0.065)*	−0.149 (0.051)**	—
Min_Umax	7.389(2.204)**	—	4.904(1.621)**	4.537 (1.187)***	—	—
Min_Uave	16.07(3.694)***	—	—	—	—	−6.32(1.76)***
Min_Vmax	−3.052(0.755)***	—	−1.361 (0.582)*	−1.202 (0.47)*	—	—
Min_Vave	—	—	—	—	1.51 (0.491)**	2.87(0.812)***
Sd_Umax	—	0.05 (0.014)***	0.034 (0.006)***	0.242(0.078)**	—	—
Sd_Uave	0.416(0.086)***	−0.085 (0.031)*	0.063(0.024)**	—	—	—
Sd_Vmax	−0.129 (0.028)***	−0.046(0.015)*	−0.033 (0.007)***	−0.178 (0.059)**	—	−0.021 (0.009)*
Sd_Vave	—	—	—	−0.064 (0.027)*	—	—
Max_dv	—	—	0(0)*	—	—	—
Ave_dv	—	−0.127 (0.037)	—	—	—	—
Sd_dv	—	—	0.015 (0.006)*	—	—	—

续表

变量	总损失	全倒	半倒	断干 2 m 以上	断干 2 m 以下	断主枝
duration				0(0)*	0(0)***	0(0)***
Acc_Ppre	-0.001(0.001)*	—	—	-0.001(0)**	-0.001(0)**	—
Ave_Ppre	0(0)*	—	—	—	—	—
Acc_Pin	—	—	0(0)**	0.001(0)**	—	—
Ave_Pin	-0.055(0.013)	—	—	-0.022(0.005)***	-0.013(0.005)*	—
tp5	—	—	—	-0.042(0.014)**	-0.025(0.012)*	—
R^2	0.8654	0.5302	0.5334	0.697	0.565	0.391
F-statistics	62.39	17.77	11.08	14.79	17.4	13.56
自由度	1194	797	1186	1587	893	593

注: * 指在 0.01 的显著性水平上显著; ** 指在 0.001 的显著性水平上显著; *** 指在 0.001 的显著性水平上显著; **** 指在 0.0001 的显著性水平上显著。

表 8.4　未开割橡胶树损失与风灾危险指标的多元回归结果(刘新立,2017)

变量	总损失	全倒	半倒	断干 2 m 以上	断干 2 m 以下	断主枝
截距	1.271(0.543)*	0.088(0.04)*	0.204(0.04)***	0.011(0.015)	0.109(0.037)**	0.121(0.054)*
Max_Umax	—					
Max_Uave	0.008(0.004)*			-0.122(0.036)***		
Max_Vmax	—			0.072(0.021)**		
Max_Vave						
ave_Umax	1.893(0.583)**					
ave_Uave	-1.484(0.368)***	-0.007(0.003)*	-0.02(0.005)***	-0.025(0.01)*	-0.008(0.003)**	
ave_Vmax						

续表

变量	总损失	全倒	半倒	断干2 m以上	断干2 m以下	断主枝
ave_Vave	—	—	—	—	—	—
Min_Umax	—	—	—	—	—	-0.491（0.223）
Min_Uave	—	—	—	0.761（0.277）**	—	—
Min_Vmax	—	—	—	—	—	—
Min_Vave	6.227（0.848）***	—	0.242（0.068）***	—	—	—
Sd_Umax	—	—	—	—	—	—
Sd_Uave	-1.258（0.45）**	—	—	0.509（0.151）**	—	—
Sd_Vmax	—	—	—	—	—	—
Sd_Vave	0.799（0.288）**	—	—	-0.289（0.09）**	—	—
Max_dv	-0.005（0.002）*	—	—	-0.001（0）*	—	—
Ave_dv	-0.983（0.362）h	—	—	-0.143（0.055）*	—	—
Sd_dv	0.238（0.074）*	—	—	0.036（0.013）**	—	—
duration	-0.09（0.036）*	-0.006（0.003）*	-0.014（0.003）***	—	-0.008（0.003）**	-0.01（0.005）*
Acc_Ppre	—	—	—	—	—	—
Ave_Ppre	—	0（0）***	—	—	0（0）**	0（0）**
Acc_Pin	—	—	—	—	—	—
Ave_Pin	—	—	—	—	—	—
Tp2	—	0.014（0.005）**	—	—	—	0.027（0.009）**
tp5	—	—	—	—	—	—
R^2	0.682	0.191	0.238	0.235	0.206	0.132
F-statistics	18.57	6.783	11.1	4.102	7.186	5.02
自由度	1072	494	394	982	385	481

注：* 指在0.01的显著性水平上显著；** 指在0.001的显著性水平上显著；*** 指在0.0001的显著性水平上显著。

从多元回归对指标的选择结果来看,有多个风灾指标入选,且显著性较高,70%达到 0.01 显著水平。最大风速、阵风风速的网格间均值的时间序列最大值、平均值、最小值,最大风速、阵风风速网格间最大值的时间序列标准差入选次数最多,对损失率的影响可能较大。平均风向变动和风前降雨对损失率的影响也有较大贡献。

从备选指标的显著性来看,在致灾因子强度的指标选取中,已开割橡胶树和未开割橡胶树略有不同。对于已开割树而言,农场范围内阵风风速平均值的台风过程时间序列最大值在各损失类型的回归结果中显著的次数为最多,可用于表达致灾因子强度。而对于未开割树而言,农场范围内阵风风速平均值的台风过程时间序列平均值显著的次数最多。由此可见,描述致灾强度的风速在解释橡胶风灾损失方面具有较高的解释能力。对风前降水和地形起伏度等孕灾环境要素指标而言,尽管在部分损失类型的回归中是显著的,但这些指标对回归方程的总体解释能力贡献较为有限。因此,建议暂不纳入风灾保险指数的指标进行考虑。

从统计学角度来看,变量越多,信息量越多,解释能力往往更好。但在指数指标选择过程中,必须综合考虑保险指数的友好性,使其通俗易懂、各方利益相关者都能独立计算,最好是用更少的指数指标更好地解释损失率。

经财政、农业、气象监测、保险公司及保险产品开发人员讨论,考虑与气象服务中的术语表述的一致性,决定使用极大风速作为保费厘定、保险理赔的指标。

8.5 风灾保险费率厘定

8.5.1 保险费率计算方法

保险的纯费率等于保险损失的期望值。目前,国内外天气指数保险产品多采用单产风险分布模型法来厘定费率。常用的分布模型可以分为参数模型及非参数模型,参数模型适合样本数据量较小的情况,需事先假定模型形式,非参数模型不需要事先假定分布模型,可直接根据样本数据对所寻找的分布通过直方图进行描述,或利用某种方法对所求的单产分布进行密度估计。天气指数保险的纯费率计算公式可表示为:

$$R = \frac{E(\text{loss})}{\lambda Y} = \frac{\int_F^1 x f(x) \mathrm{d}x}{\lambda Y} \tag{8.1}$$

式中:R 为纯保险费率;$E(\text{Loss})$ 为产量损失的数学期望,x 为减产率序列,$f(x)$ 为单产风险的概率分布;λ 为保障比例,根据保险区域当地的实际情况确定;Y 为预期单产。

8.5.2　保险费率地区间调整

保险行业内一般通过行业基准纯风险损失率表来精准地表示农业生产风险,期望不同地区农业保险定价更加科学合理。目前,我国农险的费率定价模式,基本是一种作物在一个省(区)内执行一个费率。这种做法存在一些突出问题:一是大范围灾害频率不同而使用统一保险费率缺乏科学性。由于农业保险多为政策性保险,农业保险产品的费率厘定往往不是单纯依靠保险机构费率精算,而是财政管理部门、农业管理部门以及保险机构多方协商确定,各方的主观判断对费率厘定影响较大,产品定价的科学性不足。二是在保险实践过程中一个省级地区统一费率容易导致逆选择现象。农业灾害风险在省内不同区域分布并不均衡,采取统一费率定价,不能反映各地区实际风险的差异。高风险区域的农户获得了高额赔偿,投保积极性变高,而低风险地区农户会因为风险小而选择不投保;逆向选择增加了保险公司的风险。第三,大范围统一费率容易诱发违规问题,如保险公司利用掌握的信息差,选择承包低风险区的保户。

为防止以上情况发生,依托海南橡胶风灾风险区域研究内容,对海南橡胶风灾划分高低风险区,调整相应保费,客观真实地反映出橡胶树台风险状况。

8.6　橡胶天气指数保险产品范例

财政补贴型橡胶树风灾指数保险条款如下。

总则

第一条　本保险合同由保险条款、投保单、保险单、保险凭证以及批单组成。凡涉及本保险合同的约定,均应采用书面形式。

保险标的

第二条　同时符合下列条件的橡胶树可作为本保险合同的保险标的(以下统称"保险橡胶树"),投保人应将符合下述条件的橡胶树全部投保,不得选择投保:

(一)生长及管理正常、定植满4年(含)以上;

(二)由被保险人所有,或与他人共有而由被保险人负责管理的,或由被保险人合法承租和管理的;

(三)种植场所在当地洪水水位线以上的非蓄洪、行洪区。

保险责任

第三条 在保险期间内发生风灾事故后,气象部门出具的气象证明材料或报告表明本次风灾事故的持续时间内极大风速对应的风力等级达到或超过本保险合同约定的起赔风级时,视为保险事故发生,保险人依照本保险合同的约定负责赔偿。

风灾事故由本保险合同指定的气象部门根据指定的自动气象站观测的数据审核认定,一次风灾事故的持续时间以气象部门对该次风灾事故公布的起止时间为准。若保险橡胶树在 48 小时(含)内同时遭受两场(含)以上风灾事故,认定为一次保险事故。

本保险合同指定的自动气象站由于断电、仪器损坏或其他不可抗力的原因导致气象数据无法正常获取时,以保险橡胶树最近的自动气象站获取的数据为准。

本保险合同中指定的气象部门必须是县级或县级以上的气象机构。

本保险合同约定的起赔风级由投保人与保险人参照赔偿处理中《保险橡胶树起赔风力等级与赔偿比例对应表》协商确定,并在保险单中载明。

责任免除

第四条 由于下列原因造成的损失、费用,保险人不负责赔偿:

(一)火灾、爆炸;

(二)暴雨、洪水、龙卷、病虫害、旱灾、雷电、寒害、地震;

(三)被保险人的故意行为或他人的盗窃、毁坏行为;

(四)国家、政府或集体征用土地而砍伐或更新。

第五条 下列损失、费用,保险人不负责赔偿:

(一)发生保险事故前后,被保险人对保险橡胶树采取加固、排涝、劈枝、倒伏扶正、清理胶园等措施引起的损失或费用;

(二)其他间接损失或费用。

第六条 其他不属于保险责任范围内的损失、费用和责任,保险人也不负责赔偿。

保险金额

第七条 保险橡胶树每株保险金额按照开割树和未开割树,分别参照当地橡胶树种植的直接投入物化成本,由保险人和投保人协商确定,并在保险单中载明。

保险金额＝开割树每株保险金额(元/株)×开割树保险数量(株)＋未开割树每株保险金额(元/株)×未开割树保险数量(株)

保险数量以保险单载明为准。

保险期间

第八条　除另有约定外,本保险合同的保险期间为一年,以保险单载明的起讫时间为准。

保险人义务

第九条　订立本保险合同时,保险人应向投保人说明本合同的条款内容。对保险合同中免除保险人责任的条款,保险人在订立合同时应当在投保单、保险单或者其他保险凭证上做出足以引起投保人注意的提示,并对该条款的内容以书面或者口头形式向投保人做出明确说明;未作提示或者明确说明的,该条款不产生效力。

第十条　本保险合同成立后,保险人应当及时向投保人签发保险单或其他保险凭证。

投保人、被保险人义务

第十一条　订立保险合同,保险人就保险橡胶树或者被保险人的有关情况提出询问的,投保人应当如实告知。

投保人故意或者因重大过失未履行前款规定的如实告知义务,足以影响保险人决定是否同意承保或者提高保险费率的,保险人有权解除本合同。

投保人故意不履行如实告知义务的,保险人对于合同解除前发生的保险事故,不承担赔偿保险金的责任,并不退还保险费。

投保人因重大过失未履行如实告知义务,对保险事故的发生有严重影响的,保险人对于合同解除前发生的保险事故,不承担赔偿保险金的责任,但应当退还保险费。

第十二条　除另有约定外,投保人应在保险合同成立时交清保险费。

投保人未按照保险合同的约定及时足额交付保险费的,保险人可解除保险合同,保险合同自保险人解除保险合同的书面通知送达投保人时解除,保险人有权向投保人收取保险责任开始时至保险合同解除时期间的保险费。

保险人对于合同解除前发生的保险事故,按照保险事故发生时投保人已交保险费与本保险合同约定应缴保险费的比例承担赔偿保险金的责任。

第十三条　被保险人应当遵守国家以及地方有关橡胶树种植管理的规定,搞好种植管理,建立、健全和执行田间管理的各项规章制度,接受农业部门和保险人的防灾检查及合理建议,切实做好安全防灾防损工作,维护保险橡胶树的安全。

保险人可以对被保险人遵守前款约定的情况进行检查,及时向投保人、被保险人提出消除不安全因素和隐患的书面合理化建议,投保人、被保险人应该认真付诸实施。

投保人、被保险人未按照约定履行其对保险橡胶树安全应尽责任的,保险人有权要求增加保险费或解除保险合同。

第十四条 保险橡胶树转让的,被保险人或受让人应当及时通知保险人。

第十五条 知道保险事故发生后,被保险人应该尽力采取必要、合理的措施,防止或减少损失。

赔偿处理

第十六条 保险事故发生时,被保险人对保险橡胶树不具有保险利益的,不得向保险人请求赔偿保险金。

第十七条 保险橡胶树发生保险责任范围内的损失,保险人按以下方式计算赔偿:

每次事故赔偿金额=未开割树每株保险金额×未开割树对应赔偿比例×未开割树保险数量+开割树每株保险金额×开割树对应赔偿比例×开割树保险数量

橡胶树保险不同起赔风级的对应赔偿比例表

风速区间(m/s)及对应风力风级	起赔风级标准一(≥8级)对应赔偿比例/%		起赔风级标准二(≥9级)对应赔偿比例/%		起赔风级标准三(≥10级)对应赔偿比例/%	
	未开割树	开割树	未开割树	开割树	未开割树	开割树
[17.2,20.8)8级	1.26	1.25	——			
[20.8,24.5)9级	1.79	2.24	1.79	2.24		
[24.5,28.5)10级	3.16	4.56	3.16	4.56	3.16	4.56
[28.5,32.6)11级	6.65	11.16	6.65	11.16	6.65	11.16
[32.6,37.0)12级	10.80	18.48	10.80	18.48	10.80	18.48
[37.0,41.5)13级	17.35	28.43	17.35	28.43	17.35	28.43
[41.5,46.2)14级	29.77	41.84	29.77	41.84	29.77	41.84
≥46.2≥15级	38.35	50.00	38.35	50.00	38.35	50.00

第十八条 保险事故发生时,如果存在重复保险,保险人按照本保险合同的相应保险金额与其他保险合同及本保险合同相应保险金额总和的比例承担赔偿责任。

其他保险人应承担的赔偿金额,本保险人不负责垫付。若被保险人未如实告知导致保险人多支付赔偿金的,保险人有权向被保险人追回多支付的部分。

第十九条 被保险人向保险人请求赔偿的诉讼时效期间为二年,自其知道或者应当知道保险事故发生之日起计算。

争议处理与法律适用

第二十条 合同争议解决方式由当事人在合同约定从下列两种方式中选择

一种：

（一）因履行本合同发生的争议，由当事人协商解决，协商不成的，提交保险单载明的仲裁委员会仲裁；

（二）因履行本合同发生的争议，由当事人协商解决，协商不成的，依法向人民法院起诉。

第二十一条　与本保险合同有关的以及履行本保险合同产生的一切争议处理适用中华人民共和国法律（不包括港澳台地区法律）。

其他事项

第二十二条　保险橡胶树发生全部损失，属于保险责任的，保险人在履行赔偿义务后，本保险合同终止；不属于保险责任的，本保险合同终止，保险人按日比例计收自保险责任开始之日起至损失发生之日止期间的保险费，并退还剩余部分保险费。

第二十三条　本保险合同约定与《中华人民共和国保险法》《农业保险条例》等法律规定相悖之处，以法律规定为准。本保险合同未尽事宜，以法律规定为准。

释义

第二十四条　本保险合同涉及以下术语时，适用下列释义：

（一）风速：是指单位时间内空气移动的水平距离。

（二）极大风速：是指在给定的时间段，瞬时风速的最大值。

（三）瞬时风速：是指空气微团的瞬时水平移动速度。在自动气象站中，瞬时风速是指3秒的平均风速。

（四）平均风速：是指给定时段内风速的平均值。

注：以上释义以《中华人民共和国气象行业标准〈地面气象观测规范第7部分：风向和风速观测〉（QX/T 51-2007）》的规定为据。

（五）龙卷：是指一种小范围的强烈旋风，从外观看，是从积雨云底盘旋下垂的一个漏斗状云体。有时稍伸即隐或悬挂空中，有时触及地面或水面。旋风过境，对树木、建筑物、船舶等均可能造成严重破坏，依《中华人民共和国气象行业标准〈地面气象观测规范第4部分：天气现象观测〉（QX/T 48-2007）》的规定为据。

第 9 章

橡胶树病虫害防治

中国天然橡胶主要来源于巴西橡胶树（*Hevea brasiliensis*，以下简称橡胶树），迄今为止已有 100 多年的栽培历史。天然橡胶是四大工业原料之一，也是国防和经济建设中不可缺少的战略物资和稀缺资源。目前我国天然橡胶生产规模处于世界第四位，生产量处于世界第六位，而消耗量和进口量却处于世界第一位。我国橡胶树种植区主要分布于海南、云南、广东地区，发展天然橡胶具有得天独厚的环境资源优势，并已建成我国重要的天然橡胶生产基地。

我国植胶区温暖湿润的气候条件十分利于病原微生物、害虫和杂草等有害生物的繁殖和蔓延。橡胶树的叶部、根部经常遭受多种传染性病虫害的危害，寒害、冰雹、风害等灾害性气象天气及营养元素失调也能引起某些病虫害的发生蔓延，从而严重制约橡胶产量。

本章主要介绍气象条件与橡胶树病虫害的关系和橡胶树病虫害发生发展气象条件预报，针对受气象影响的橡胶树叶部、根部主要橡胶树病虫害。橡胶树叶部病害主要有白粉病、炭疽病、南美叶疫病；根部病害主要有白根病。

9.1 气象条件与橡胶树病虫害

9.1.1 橡胶树叶部病害

橡胶树叶部病害是橡胶树病害中影响最严重的，其主要包括白粉、炭疽、南美叶疫病等。其中，橡胶"两病"（即白粉病和炭疽病）在叶部病害中影响最严重。

9.1.1.1 橡胶树白粉病

橡胶树白粉病是由橡胶树粉孢菌侵染引起，主要危害橡胶树嫩叶、嫩芽、嫩梢和花序，其爆发易引起橡胶树新抽嫩叶连续脱落，推迟当年开割期，导致干胶产量减产

50％左右,造成较大的经济损失(黄贵修 等,2012;蔡志英 等,2017;Liyanage et al.,2018)。自 1918 年在印度尼西亚爪哇岛首次发现橡胶树白粉病以来,该病在全球各个植胶国家和地区广泛流行,已成为我国植胶区的主要病害之一(梁羽萍 等,2016)。

橡胶树白粉病的发生流行与气候条件密切相关,白粉病基础菌量及发展速度等主要受气候条件制约(范会雄 等,1997)。20 世纪 30 年代开始,国内外学者陆续在不同的气候环境条件下,通过对比实验等方法探讨橡胶树白粉病的危害及带来的损失。Peries 通过田间观测发现,该病害的严重程度主要取决于抽叶期间的天气情况(刘静,2010);Liyanage 等(2016)发现,橡胶树白粉病分生孢子萌发的最佳条件是相对湿度为 97％~100％、温度为 25~28 ℃,进而揭示了气象条件与白粉病暴发的密切关系;Zhai 等(2017)利用数理统计方法分析了气象因子与橡胶树物候的关系,发现橡胶树物候期的延迟会导致白粉病的爆发。国内学者对橡胶树白粉病与气候的关系也进行了大量的研究,如余卓桐等(2006)细化了橡胶树抽叶期间的气象要素,并与橡胶树物候期结合,分别建立了橡胶树白粉病短期最终病情指数预测模式、中期最终病情指数预测模式和短期防治指标预测模式。蒋龙燕(2015)利用海南 7 个气象站点资料,通过相关分析筛选出影响橡胶树白粉病病情指数的旬月季年 4 种时间尺度的关键气象因子,并建立相关预测模型。陈小敏等(2016)指出,若春季光、温、水等气象条件较适宜,则橡胶树叶片老化速度快,嫩芽嫩叶生长中受橡胶树白粉病影响概率小;若出现极端天气气候事件,叶片老化速度易变慢,老化过程时间长,嫩芽嫩叶受害概率增加。蔡志英等(2017)认为,橡胶园的小气候环境、关键物候期气象条件适宜是造成白粉病流行的客观原因。综上所述,大部分植胶区的白粉病防治工作主要根据气象条件的变化来开展(文衍堂 等,2014),且研究主要集中在个别气象要素(如温度、湿度等)的分析,针对气候背景研究甚少。海南岛位于我国最南端,属热带季风性气候,全年湿热的气候条件给橡胶树白粉病的发生提供了良好的生存繁殖和越冬环境。若结合气候背景和气象条件,对海南橡胶树白粉病的影响进行研究,将能更好地防治橡胶树白粉病的发生。

(1)影响橡胶树白粉病的大气环流指数及指标

74 项大气环流指数中,与橡胶树白粉病显著性相关的大气环流指数有 21 项。其中,副热带高压类大气环流指数有 17 项,占比 80.95％,显著影响时段数为 344 个;极涡类大气环流指数有 3 项,占比 14.29％,显著影响时段数为 39 个;槽类大气环流指数有 1 项,占比 4.76％,显著影响时段数为 19 个。北半球大气环流对海南省橡胶树白粉病病情指数的影响程度由高到低依次为副热带高压类、极涡类、槽类、环流类、其他类。副热带高压类(除西太平洋副高西伸脊点)和槽类与海南省白粉病病情指数呈正相关,西太平洋副高西伸脊点和极涡类呈负相关。其中,极涡类的北美区极涡面积指数和槽类的印缅槽对海南省橡胶树白粉病病情指数影响最为显著,最大相关系数分别为-0.607、0.543(图 9.1)。大气环流指数对海南省橡胶树白粉病病情指数的显著影响时段为上一年 7 月至当年 4 月。

影响橡胶树白粉病发生等级的关键因子,依次为北半球副高面积指数、北半球副高强度指数、西太平洋副高西伸脊点、北美区极涡面积指数、亚洲区极涡强度指数和印缅槽,最大相关系数分别为 0.535、0.491、-0.525、-0.607、-0.489、0.543,均达到极显著水平。计算各个关键因子在橡胶树白粉病发生各等级中的平均值,构建基于大气环流指数的橡胶树白粉病发生等级指标(表 9.1)。以关键因子"a1s10d4"为例,海南省橡胶树白粉病病情指数等级为轻度的年份中,上一年 10 月至当年 4 月北半球副高面积指数较 48 a 平均值偏小 5.634;中度的年份中,较 48 a 平均值偏小 3.379;重度的年份中,较 48 a 平均值偏大 18.153。

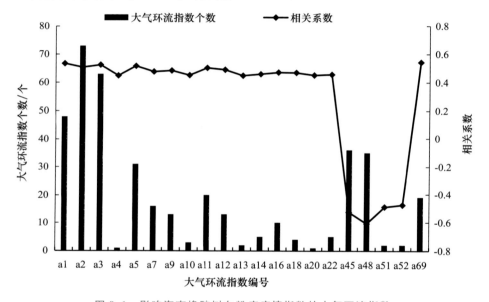

图 9.1 影响海南橡胶树白粉病病情指数的大气环流指数

注:a1 为北半球副高面积指数;a2 为北非副高面积指数;a3 为北非大西洋北美副高面积指数;a4 为印度副高面积指数;a5 为西太平洋副高面积指数;a7 为北美副高面积指数;a9 为南海副高面积指数;a10 为北美大西洋副高面积指数;a11 为太平洋副高面积指数;a12 为北半球副高强度指数;a13 为北非副高强度指数;a14 为北非大西洋北美副高强度指数;a16 为西太平洋副高强度指数;a18 为北美副高强度指数;a20 为南海副高强度指数;a22 为太平洋副高强度指数;a45 为西太平洋副高西伸脊点;a48 为北美区极涡面积指数;a51 为亚洲区极涡强度指数;a52 为太平洋区涡强度指数;a69 为印缅槽。

表 9.1 基于大气环流指数的海南橡胶树白粉病病情指数等级指标

关键因子	关键因子含义	相关系数	橡胶树白粉病发生等级指标			48 a 平均值
			轻	中	重	
a1s10d4	上一年 10 月—当年 4 月北半球副高面积指数	0.535	25.276	27.531	49.063	30.910
a12s8d4	上一年 8 月—当年 4 月北半球副高强度指数	0.491	86.968	87.818	135.580	96.525

续表

关键因子	关键因子含义	相关系数	橡胶树白粉病发生等级指标			48 a平均值
			轻	中	重	
a45d1d4	当年1—4月西太平洋副高西伸脊点	−0.525	131.589	123.260	101.556	121.620
a48s2s4	上一年2—4月北美区极涡面积指数	−0.607	203.857	194.813	189.444	196.444
a51s5s6	上一年5—6月亚洲区极涡强度指数	−0.489	38.679	36.040	34.000	36.427
a69s8s9	上一年8—9月印缅槽	0.543	21.000	23.900	27.222	23.677

（2）影响橡胶树白粉病的地面气象要素及指标

选取通过 0.001 水平显著性检验的地面气象要素,分别是平均最高气温、相对湿度、平均气温≥20 ℃的日数、小雨日数、平均风速,与橡胶树白粉病病情指数最大相关系数分别是 0.453、−0.528、0.48、0.624、−0.495,显著影响时段数分别有 1、3、2、22、14 个。平均最高气温、相对湿度、平均气温≥20 ℃的日数影响时段集中在冬季,最显著时段分别为上一年 10 月至当年 1 月、上一年 10 至 12 月、当年 1 月;小雨日数和平均风速影响时段集中在冬春季节,最显著时段分别为上一年 10 月至当年 1 月和上一年 11 月至当年 1 月。

根据前述方法,筛选出的地面气象要素依次为平均最高气温、相对湿度、平均气温≥20 ℃的日数、小雨日数、平均风速作为橡胶树白粉病发生等级的关键因子,计算各个关键因子在橡胶树白粉病发生各等级中的平均值,构建基于地面气象要素的橡胶树白粉病发生等级指标（表 9.2）。以关键因子"m2s10d1"为例,海南岛橡胶树白粉病病情指数等级为轻度的年份中,上一年 10 月至当年 1 月平均最高温度偏低 0.286 ℃;中度的年份中,较 48 a 平均值偏低 0.121 ℃;重度的年份中,较 48 a 平均值偏高 0.779 ℃。

表 9.2　基于地面气象要素的海南岛橡胶树白粉病发生等级指标

关键因子	关键因子含义	相关系数	橡胶树白粉病发生等级指标			48 a平均值
			轻	中	重	
m2s10d1	上一年10月—当年1月平均最高温度	0.453	25.503	25.668	26.568	25.789
m7s10s12	上一年10—12月相对湿度	−0.528	82.960	81.805	80.448	81.888
m9d1d1	当年1月平均气温≥20℃的日数	0.480	7.286	10.960	14.889	10.625
m14s10d1	上一年10月—当年1月小雨日数	0.624	21.304	22.500	23.639	22.365
m18s11d1	上一年11月—当年1月平均风速	−0.495	25.385	22.745	21.005	22.147

9.1.1.2　橡胶树炭疽病

橡胶树炭疽病是橡胶生产上严重性仅次于白粉病的一种叶部病害,1906 年在斯里兰卡被首次报道。目前该病已广泛分布于非洲中部、南美洲、亚洲南部和东南部等植胶国家。该病害早期只在我国苗圃和新植幼树上少量发现,1962 年首次发现海南大丰农场开割胶树,个别品系整年因病落叶,不能割胶。在海南橡胶种植区每年都有发生,为害逐年严重(蔡志英 等,2011)。

橡胶树炭疽病病原体主要来源于往年发病后的枯枝落叶,也有一部分来源于潜伏在胶林下的其他植被。该病菌通过雨水、潮湿气流进行传播,从幼嫩的伤口、气孔和表皮直接侵入。从炭疽病的流行条件来看,幼叶和未老化的叶片是发生炭疽病的主要场所,这个时期的叶片由于没有完全老化,极易被炭疽病菌的分生孢子从叶尖或叶缘等常有水滴的部位形成孢子萌发,长出菌丝侵染到叶组织内,导致叶片发生炭疽病(范会雄 等,1996)。

适宜的温度和湿度是发病和流行的主要条件。温度为 18～24 ℃ 时极有利于病害的发生和发展,炭疽病菌对温度有较广泛的适应范围,15～35 ℃ 温度条件下都能萌发、侵染和产孢,且萌发率高达 67.5％～86.2％(王绍春 等,2001),而连续 4 d 以上的阴雨天气,其空气中的相对湿度在 90％ 以上。此外,地势低洼、日照短的林段荫蔽潮湿,容易沉积冷空气,也特别有利于病害的发生和流行;相反,高温晴朗天气可抑制其发病规模及发展速度,日照充足的向阳坡及植胶密度小的开阔林段不利于炭疽病的发病。气象因素既是影响橡胶树物候的发育进程,又是影响病原菌侵入、扩展、繁殖和传播的主要因子(卢文标,1990)。

风雨是病害传播的主要媒体。这是因为连续的阴雨天气使橡胶树叶片表面处于水膜状态,同时 这种天气使整个空间形成一个饱和的高湿环境,有利于孢子萌发、传播和侵染,使病害得以迅速扩展。从橡胶树炭疽病的病理学来看,其病原菌是一种弱寄生菌,从寄主幼嫩组织的自然孔口、伤口或皮孔侵入,引起发病。其孢子堆在天气干燥时干缩结痂,不易被气流吹散,只在降雨或潮湿的气候条件下,孢子堆被软化,释放出孢子,又只有在叶面有水膜的情况下,孢子才能萌发侵入叶片,导致发病(冯淑芬 等,1998)。

在海南植胶区,橡胶树抽第一蓬嫩叶时的气温多在 16～28 ℃。重病年嫩叶期的降雨量在 20 mm 以上,轻病年的在 3 mm 以下。降雨天数和相对湿度越多,病害流行越快。一旦感病,极易落叶,50％开芽至 80％古铜物候期[①]为病害防治的关键期(冯淑芬 等,1998)。

9.1.1.3　橡胶树南美叶疫病

三叶橡胶树原产于亚马孙河流域,它能满足世界工业 90％ 以上的乳源(江爱良,1983),自 1876 年在东南亚试种成功后,橡胶主产区逐渐转移到亚洲(Priyadarshan,2017)。截至 2018 年,亚洲橡胶产量占 91.13％,非洲占 6.49％,美洲占 2.38％。而导致美洲橡胶产量占比下降的主要原因是橡胶树南美叶疫病的暴发(Rivano et al.,2015),它是由橡胶树南美叶疫病菌[*Microcyclus ulei*（*P. Henning*）*von Arx*]引起的一种极具破坏性的病害,目前仅在三叶橡胶树上发现,是影响橡胶产量最重要的

---

① 橡胶树生长周期中的一个重要阶段,此阶段橡胶树叶片由绿色逐渐转变为古铜色,标志着橡胶树由营养生长向生殖生长过渡。

叶部病害(时涛 等,2019)。该病于 1905 年在亚马孙河流域的原始森林发现,之后巴西、苏里南和巴拿马等地均有发生,感染后导致反复落叶,嫩枝枯萎,甚至成熟树木死亡,对美洲多个橡胶园造成了 90%以上的产量损失,从而被迫放弃大规模种植橡胶树的计划。同时,该病害被亚洲及太平洋地区植物保护公约组织(APPPC)各成员国列为重要的检疫性有害生物,也是我国重要的进境检疫性病害之一(Chee et al.,1986;黄贵修 等,2012)。因此,预测未来气候变化下橡胶树南美叶疫病的潜在适生区分布情况,评估其对我国的风险,严格对病害进行检疫,对保障我国橡胶树安全生产具有重要意义。

温度和降水量是影响橡胶树南美叶疫病菌生存的主要因素(Rivano et al.,2016)。温度为 24~28 ℃有利于孢子的萌发、生长和发芽,<20 ℃不利于病害的发生发展(Holliday,1970;Chee 1976;Jaimes et al.,2016)。连续 6 h 相对湿度>90%或者长时间湿润的条件下易导致病害的爆发(Chee et al.,1985;Guyot et al.,2010)。阵雨有利于该病的发展和传播,而长时间大雨能有效地冲刷病菌孢子,可有效控制该病的发生(曾辉 等,2007)。

影响橡胶树南美叶疫病发生的主导环境因子是年平均日较差、等温性、温度季节变化、最冷月最低温度、平均气温年较差、最干季平均温度、最暖季平均温度、最冷季平均温度、最干月降水量、降水量季节变化、最暖季降水量。其中,贡献率排名前三的主导环境因子是平均气温年较差、温度季节变化、最冷季平均温度,分别是48.99%、29.51%、8.45%,与温度相关的因子贡献率达到94.7%,与降水量相关的因子贡献率达到5.3%。排列重要性排名前三的主导环境因子是最冷月最低温度、最暖季平均温度、温度季节变化,分别是 28.23、20.55、11.74,与温度相关的因子排列重要性达到87.5,与降水量相关的因子排列重要性达到12.5(表 9.3)。

表 9.3 主导环境因子的贡献率、排列重要性和适生值范围

主导环境因子	贡献率/%	排列重要性	适生值范围
平均气温年较差	48.99	8.53	<15 ℃
温度季节变化(标准差× 100)	29.51	11.74	<1.58
最冷季平均温度	8.45	9.94	>22 ℃
等温性(平均气温日较差/气温年较差×100)	2.33	4.50	>0.7
降水量季节性变化(变异系数)	1.99	5.83	37.5%~85.0%
最冷月最低温度	1.94	28.23	>17 ℃
最干月降水量	1.68	5.23	>30 mm
最暖季降水量	1.63	1.44	430~960 mm
年平均日较差(平均每月最高温度-平均每月最低温度)	1.29	1.35	8.0~11.8 ℃
最暖季平均温度	1.25	20.54	25~29 ℃
最干季平均温度	0.94	2.67	23~28 ℃

9.1.2　橡胶树根部病害

在我国,橡胶树根病是危害橡胶树的重要病害之一。我国橡胶产区共发现白根病、红根病、褐根病、紫根病、黑根病、黑纹根病和臭根病,共 7 种,主要危害橡胶树根系,使橡胶树体内正常的生理生化功能受阻,生长和产胶受抑制。橡胶树受其危害后,根系支持能力减弱,在台风袭击时,大量病树断倒,林相结构被破坏,单位面积株数减少,产量降低。橡胶树被侵染后,一般表现为树冠稀疏、枯枝多,顶芽抽不出或抽芽不均匀,树干干缩(蒙平,2012)。

近年来,国际上天然橡胶种植面积和产量持续上升,但仍面临着供应不足的问题(Priyadarshan et al.,2017)。由木硬孔菌[Rigidoporus lignosus(KL.)Imaz.]引起的橡胶树白根病是一种世界性病害,是影响天然橡胶产量的重要病害之一(Siri-udom et al.,2017)。该病于 1904 年在新加坡首次发现,之后马来西亚、印度尼西亚、泰国、尼日利亚、科特迪瓦等国均有发生,东南亚和西非橡胶园因该病造成过重大损失。1983 年在我国海南岛东太农场橡胶林段中首次发现该病,发病面积达到 26 hm^2,之后在云南、广西等植胶区均报道有该病菌,被我国列为进境检疫性病害(Kaewchai et al.,2010;Ogbebor et al.,2013)。橡胶树白根病病菌在土壤中可长时间存活,菌丝附着在根皮表面,由于橡胶树根茎可以延伸几米长,导致周围健康的橡胶树被感染(Nakaew et al.,2015)。该病菌甚至可以侵染其他林木、果树等作物,如柑橘、茶、椰子、胡椒、咖啡、槟榔、菠萝蜜、油棕、木薯等(张开明,2006)。因此,预测橡胶树白根病未来适生区分布情况,进行病害早期监测预警,及时采取正确检疫防治策略,对保障橡胶树安全生产具有重要意义。

橡胶树白根病的发生与气温、降水等生物气候变量密切相关。魏铭丽等(2008)指出,橡胶树白根病的传播与降水等气象环境有关。贺春萍等(2010)、Oghenekaro等(2015)研究表明,橡胶树白根病菌菌丝在 10～35 ℃均能生长,最适温度为 28～30 ℃,温度<5 ℃或>40 ℃病原菌菌丝停止生长。

影响橡胶树白根病发生的主导环境因子是年平均温度变化范围、最湿月降水量、昼夜温差月均值、最冷季度平均温度、温度季节性变化标准差、最冷月最低温度、最湿季度降水量、年降水量、降水量季节性变化变异系数、年平均温度、最暖季度降水量、等温性、最暖季度平均温度(表 9.4)。其中,贡献率较高的主导环境因子是年平均温度变化范围、最湿月降水量、昼夜温差月平均值、最冷季度平均温度、温度季节性变化标准差、最冷月最低温度,贡献率分别是 26.7153%、17.4062%、10.1694%、10.1125%、9.7802%、8.2765%,排列重要性分别是 4.7288、7.1611、15.8062、33.3367、6.3460、6.5737。与温度相关的因子贡献率达到 69.3064%,与降水量相关的因子贡献率达到 30.6936%。与温度相关的因子排列重要性达到 79.5125,与降水量相关的因子排列重要性达到 20.4875。

表 9.4　主导环境因子的贡献率、排列重要性和适生值范围

主导环境因子	贡献率/%	排列重要性	适生值范围
年平均温度	1.8	5.2	>17 ℃
昼夜温差月平均值	10.2	15.8	6～14 ℃
等温性	1.3	3.2	>0.35
温度季节性变化标准差	9.8	6.3	<4.8
最冷月最低温度	8.3	6.6	>10 ℃
年均气温变化范围	26.7	4.7	<21 ℃
最暖季度平均温度	1.1	4.3	21～31 ℃
最冷季度平均温度	10.1	33.3	>15 ℃
年降水量	3.6	5.9	>1 000 mm
最湿月降水量	17.4	7.2	>200 mm
降水量季节性变化季节变化	3.6	1.9	<110%
最湿季度降水量	4.7	0.8	>500 mm
最暖季度降水量	1.4	4.6	>280 mm

9.2　橡胶树病虫害发生发展气象条件预报

9.2.1　橡胶树白粉病中长期预报

　　鉴于海南在我国橡胶种植区的重要地位,了解影响海南橡胶树白粉病发生流行的因素,预测橡胶树白粉病病情变化,及时控制白粉病对橡胶树的影响,以保障橡胶生产。从全面反映大气环流的 74 项特征量和植胶区地面气象要素入手,根据海南橡胶树种植制度和区域分布,探索大尺度大气环流和中尺度地面气象条件背景对海南橡胶树白粉病发生流行的影响关系,探讨关键大气环流指数和植胶区气象要素与海南橡胶树白粉病病情指数之间存在的机理性关系,以此为基础建立海南橡胶树白粉病病情指数中长期预测模型,开展监测预警服务,以便及时做好橡胶白粉病防御工作,减轻其带来的危害和损失。

　　本研究建立的所有预测模型(表 9.5)均通过了 0.001 水平的显著性检验。当年 2 月的 3 个预测模型中,基于大气环流指数、地面气象要素、大气环流与地面气象综合因子的海南橡胶树白粉病病情指数预测模型的复相关系数 R 分别为 0.749、0.745、0.838,预测精度分别为 77.5%、74.7%、94.6%;当年 3 月的 3 个预测模型中,复相关系数 R 分别为 0.747、0.745、0.825,预测精度分别为 74.3%、74.7%、

98.3%；当年 4 月的 3 个预测模型中，复相关系数 R 分别为 0.757、0.745、0.812，预测精度分别为 78.8%、74.7%、96.8%。当年 2—4 月的 9 个预测模型中，基于大气环流指数与地面气象要素综合因子的橡胶树白粉病病情指数预测模型的复相关系数 R 最高，比其他 2 个模型高 0.08 左右；预测精度最高，比其他 2 个模型的预测精度提高了 20% 左右。

表 9.5　海南橡胶树白粉病病情指数的预测模型

预测时间	因子时段	预测模型	R	F	预测精度/%
当年 2 月	上一年 1 月—当年 1 月	$z=221.525-0.245\times x_{a3s8s12}-0.261\times x_{a45s11d1}-0.61\times x_{a48s2s4}-1.085\times x_{a51s5s6}+0.685\times x_{a69s8s9}$	0.749	10.213	77.5
	上一年 10 月—当年 1 月	$z=168.645+0.802\times y_{m2s10d1}-2.402\times y_{m7s10s12}+0.735\times y_{m9d1d1}+2.113\times y_{m14s10d1}-0.467\times y_{m18s11d1}$	0.745	9.963	74.7
	上一年 1 月—当年 1 月	$z=-467.983-0.714\times x_{a3s8s12}-0.388\times x_{a45s11d1}-0.461\times x_{a48s2s4}-0.84\times x_{a51s5s6}+0.915\times x_{a69s8s9}+0.949\times y_{m2s10d1}-3.358\times y_{m7s10s12}+0.336\times y_{m9d1d1}-0.589\times y_{m14s10d1}+0.22\times y_{m18s11d1}$	0.838	8.237	94.6
当年 3 月	上一年 1 月—当年 2 月	$z=203.251+0.107\times x_{a3s8s12}-0.493x_{a18s8d2}-0.233\times x_{a45s11d1}-0.579\times x_{a48s2s4}-1.023\times x_{a51s5s6}+0.729\times x_{a69s8s9}$	0.747	8.230	74.3
	上一年 10 月—当年 2 月	$z=168.645+0.802\times y_{m2s10d1}-2.402\times y_{m7s10s12}+0.735\times y_{m9d1d1}+2.113\times y_{m14s10d1}-0.467\times y_{m18s11d1}$	0.745	9.963	74.7
	上一年 1 月—当年 2 月	$z=453.188-0.457\times x_{a3s8s12}-0.513\times x_{a18s8d2}-0.396\times x_{a45s11d1}-0.413\times x_{a48s2s4}-0.749\times x_{a51s5s6}+0.975\times x_{a69s8s9}+0.496\times y_{m2s10d1}-3.238\times y_{m7s10s12}+0.239\times y_{m9d1d1}-0.59\times y_{m14s10d1}+0.125\times y_{m18s11d1}$	0.825	6.572	98.3
当年 4 月	上一年 1 月—当年 3 月	$z=181.371-0.059\times x_{a1s10d3}+0.057\times x_{a12s10d3}-0.16\times x_{a45d1d3}-0.523\times x_{a48s2s4}-1.002\times x_{a51s5s6}+0.592\times x_{a69s8s9}$	0.757	8.525	78.8
	上一年 10 月—当年 3 月	$z=168.645+0.802\times y_{m2s10d1}-2.402\times y_{m7s10s12}+0.735\times y_{m9d1d1}+2.113\times y_{m14s10d1}-0.467\times y_{m18s11d1}$	0.745	9.963	74.7
	上一年 1 月—当年 3 月	$z=408.523-0.7\times x_{a1s10d3}+0.236\times x_{a12s10d3}-0.331\times x_{a45d1d3}-0.367\times x_{a48s2s4}-0.683\times x_{a51s5s6}+1.053\times x_{a69s8s9}-0.996\times y_{m2s10d1}-2.69\times y_{m7s10s12}+0.347\times y_{m9d1d1}-0.505\times y_{m14s10d1}+0.252\times y_{m18s11d1}$	0.812	5.976	96.8

注：x 为大气环流指数，x 下标为大气环流指数编号；y 为地面气象要素，y 下标为地面气象要素编号；z 为预测当年橡胶树白粉病病情指数。

9.2.2 橡胶树南美叶疫病入侵中国的风险预测

在基准时段(1971—2000 年)内我国大部分植胶区中等以上程度适宜橡胶树南美叶疫病菌存活。高适生区主要集中在海南岛东北部部分地区、广东西南部部分地区;中适生区主要集中在云南南部地区、海南岛大部分地区、广东南部部分地区;低适生区主要集中在云南西南部地区、广西东南部部分地区、福建南部部分地区(图9.2)。这与曾辉等(2008)均研究表明基准时段下云南部分地区橡胶树南美叶疫病适生性较低的结论相似。

与基准时段(1971—2000 年)相比,2041—2060 年和 2061—2080 年在同一气候情景下,各省植胶区橡胶树南美叶疫病适生等级变化趋势不同。在 RCP2.6 情景下,海南岛东北部地区由中适生区变成高适生区;广东西南部地区由中适生区或低适生区变成高适生区。在 RCP4.5 情景下,广西东南部部分地区由低适生区变成中适生区;云南南部地区由中适生区变成低适生区。在 RCP8.5 情景下,福建南部部分地区由低适生区变成中适生区,广东东南部部分地区由中适生区或低适生区变成高适生区(图 9.2)。不同增温幅度变化情况下,我国各植胶区橡胶树南美叶疫病适生等级不一样。高适生区没有随着增温增高而面积扩大。由此得出,未来气候变化背景下橡胶树南美叶疫病入侵中国风险较高区域(即指未来气候变化下该区域橡胶树南美叶疫病适生等级处于高度适生状态)为海南岛东北部、广西东南部部分地区、广东南部部分地区。

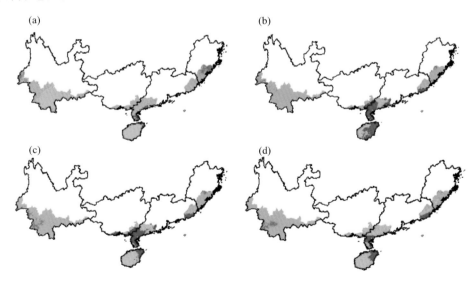

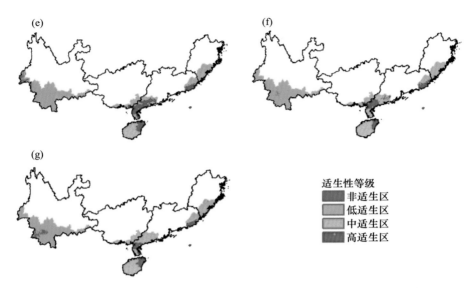

图 9.2　未来气候变化情景下我国橡胶树南美叶疫病的潜在适生区分布

(a)基准时段；(b)RCP2.6 情景下 2041—2060 年；(c)RCP4.5 情景下 2041—2060 年；

(d)RCP8.5 情景下 2041—2060 年；(e)RCP2.6 情景下 2061—2080 年；

(f)RCP4.5 情景下 2061—2080 年；(g)RCP8.5 情景下 2061—2080 年

从我国橡胶树南美叶疫病各等级适生区绝对面积预测结果（表 9.6）可知，从基准时段至 2041—2060 年和 2061—2080 年，同一气候情景下，高、低适生区面积均呈现增大趋势，中、非适生区面积均呈现减小趋势。其中，在 RCP2.6 情景下高、低适生区面积增大以及中适生区面积减小最为明显；在 RCP4.5 情景下非适生区面积减小最为明显。从 2041—2060 年到 2061—2080 年，高适生区面积呈现减小的趋势，中适生区面积呈现增大的趋势。可以看出，橡胶树南美叶疫病入侵风险较高的区域面积随着气候变化先增大后减小。

采用质心分析法对我国橡胶树南美叶疫病适生区变化的分析结果（图 9.3）显示，基准时段我国橡胶树南美叶疫病适生区质心位于海南岛北部澄迈县(109.89°E，19.92°N)，在 RCP2.6 情景下 2041—2060 年和 2061—2080 年质心分别位于广东雷州市(110.04°E，21.14°N)和深圳市(114.49°E，22.52°N)，在 RCP4.5 情景下 2041—2060年和 2061—2080 年质心分别位于广东遂溪县(110.21°E，21.35°N)和陆丰市(115.64°E，23.04°N)，在 RCP8.5 情景下 2041—2060 年和 2061—2080 年质心分别位于广东阳西县(112.24°E，21.72°N)和广东潮阳市(116.45°E，23.18°N)。基准时段到未来(2041—2060 年和 2061—2080 年)不同气候情景下，适生区质心位置有向东北方向移动的趋势，质心移动距离范围为 126.29～733.07 km。同一气候情景下，从 2041—2060 年到 2061—2080 年适生区质心位置有向东北方向移动的趋势。即随着未来气候变化,橡胶树南美叶疫病入侵的高值中心有向东北方向移动的趋势。

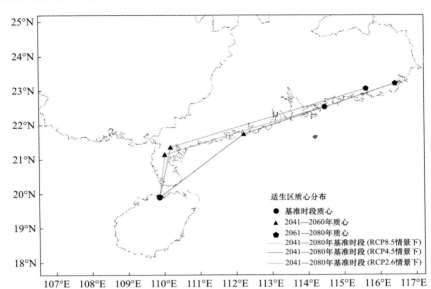

图9.3 未来气候变化情景下我国橡胶树南美叶疫病适生区质心分布情况

表9.6 我国橡胶树南美叶疫病各等级适生区绝对面积

适生区类型	适生区面积/km²						
	现状	RCP2.6		RCP4.5		RCP8.5	
	1971—2000年	2041—2060年	2061—2080年	2041—2060年	2061—2080年	2041—2060年	2061—2080年
高适生区	4.51×10^3	3.67×10^4	2.27×10^4	2.83×10^4	2.20×10^4	2.27×10^4	1.60×10^4
中适生区	9.19×10^4	3.46×10^4	5.27×10^4	4.74×10^4	5.78×10^4	5.24×10^4	6.35×10^4
低适生区	7.05×10^4	1.01×10^5	9.03×10^4	9.18×10^4	9.47×10^4	9.61×10^4	9.00×10^4
非适生区	8.46×10^3	3.15×10^3	5.15×10^3	7.89×10^3	9.28×10^2	4.21×10^3	5.90×10^3

9.2.3 橡胶树白根病入侵我国的风险预测

基准时段下,我国主要植胶区橡胶树白根病中、高风险区占比为87.7167%(图9.4),比较适宜橡胶树白根病菌存活。高风险区主要集中在海南岛、广东西南部和东南部部分地区、云南南部和东南部部分地区;中风险区主要集中在广东东部部分地区、广西东南部部分地区、云南西南部地区;低风险区主要集中在福建东南部地区、广西防城港市中部地区、云南盈江县北部地区。

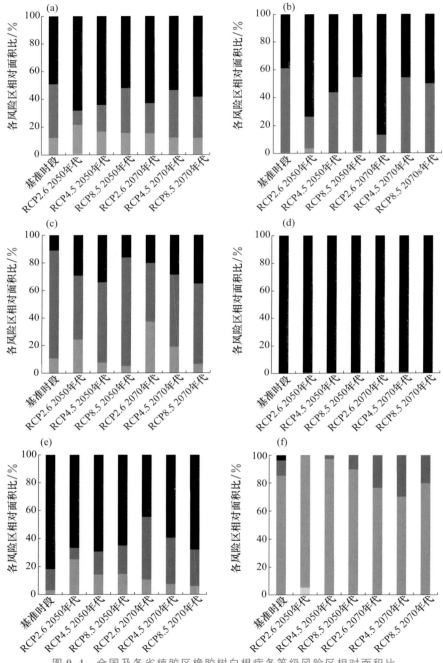

图 9.4　全国及各省植胶区橡胶树白根病各等级风险区相对面积比

■非风险区　■低风险区　■中风险区　■高风险区

(a)全国植胶区;(b)云南植胶区;(c)广西植胶区;(d)海南植胶区;(e)广东植胶区;(f)福建植胶区

注:2050 年代为 2041—2060 年、2070 年代为 2061—2080 年,下图同。

　　对比基准时段橡胶树白根病各风险区相对面积占比情况,2041—2060 年和 2061—2080 年不同气候情景(RCP2.6、RCP 4.5、RCP 8.5)下,我国植胶区高风险区面积占比呈现增大趋势;中风险区面积占比呈现减小趋势;除了 2061—2080 年 RCP8.5 情景下低风险区面积占比呈现减小趋势外,其余年代情景下呈现增大趋势。云南和广西植胶区高风险区面积占比呈现增加趋势;中风险区面积占比呈现减小趋势;非风险区面积占比基本不变。海南和广东植胶区高风险区面积占比呈现减小趋势;中、低风险区面积占比呈现增大趋势。福建植胶区高风险区面积占比呈现减小趋势;2041—2060 年不同气候情景下中风险区面积占比呈现减小趋势,2061—2080 年呈现增大趋势;2041—2060 年不同气候情景下低风险区面积占比呈现增大趋势,2061—2080 年呈现减小趋势(图 9.4)。

　　2041—2060 年和 2061—2080 年不同气候情景与基准时段下我国橡胶树白根病风险区分布情况相比,同一气候情景下,我国各省植胶区风险等级变化趋势不同。RCP2.6 情景下,云南西南部地区由中风险区变成高风险区;广东东南部部分地区由高风险区变成中风险区,东部部分地区中风险区变成低风险区;福建南部部分地区由低风险区变成非风险区。RCP4.5 情景下,福建东南部地区由低风险区变成中风险区。RCP8.5 情景下,云南西南部部分地区由高风险区变成中风险区;广西东南部部分地区由中风险区或低风险区变成高风险区。

　　质心能形象直观地表达病虫害的地理变迁,图 9.5 表示基准时段和未来(2041—

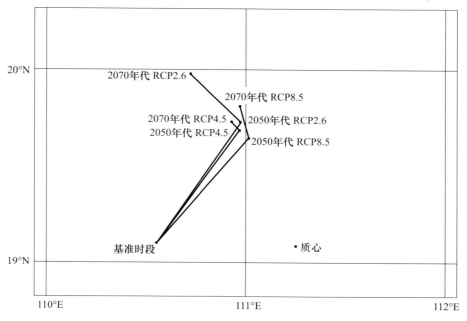

图 9.5　未来气候情景下我国橡胶树白根病风险区质心分布情况

2060 年和 2061—2080 年)不同气候情景下我国橡胶树白根病风险区质心变化。基准时段和未来不同气候情景下我国橡胶树白根病风险区质心均位于海南岛,基准时段到未来不同气候情景下风险区质心位置有向东北方向移动的趋势,质心移动距离范围为 71.2416~89.2572 km。同一气候情景下,2041—2060 年至 2061—2080 年风险区质心位置呈向西北方向移动的趋势。

综上结果可以得出,我国橡胶树白根病防治关键区(指未来气候变化下该区域风险等级上升或持续处于高风险区)为海南岛、云南南部部分地区、广东西南部部分地区;防治敏感区(指未来气候变化下该区域风险等级下降甚至消失或有可能发展为风险区)为广西东南部部分地区、广东东部部分地区、福建南部部分地区。

第 10 章

天然橡胶遥感监测技术

　　自 1988 年发射第一颗气象卫星"风云一号",至具备完整的极轨和静止气象卫星相结合的综合卫星遥感观测能力,我国已建成了从全球综合观测到资料同化数值预报于一体的现代气象业务体系。气象卫星为我国乃至世界天气预报、防灾减灾和气候变化监测提供了强有力的支持,在数值预报、天气分析、灾害性天气监测、气候变化监测、生态和环境监测等方面取得了巨大的应用成果。海南省气象局卫星遥感应用中心在灾害性天气监测以及生态环境监测、农作物分布面积监测、长势监测等领域开展研究和服务。近年来在应用极轨气象卫星开展橡胶树长势监测及台风灾害评估等领域成效显著。

　　橡胶树长势信息反映橡胶树生长的状况和趋势,是农情信息的重要组成部分。遥感技术具有宏观、适时和动态的特点,利用遥感数据动态监测区域橡胶树长势具有无可比拟的优势。橡胶树长势遥感监测是利用遥感数据对橡胶的实时苗情、环境动态和分布状况进行宏观的估测,及时了解橡胶树的分布概况、生长状况、肥水行情以及病虫草害动态,便于采取各种管理措施,为橡胶生产管理者或管理决策者提供及时准确的数据信息平台。气象卫星由于其在大范围植被监测方面的优势,在橡胶生产气象服务中起着不可替代的作用。

　　首先,在橡胶树种植分布提取方面,利用多源数据研究了多种橡胶林分布提取算法,例如基于 MODIS 归一化差值植被指数(normalized difference vegetation index,NDVI)物候特征参数(田光辉 等,2013)、基于 TM 影像的监督分类的方法(张京红 等,2010)、基于多时相 NDVI 值变化曲线,以及橡胶树冬季集中落叶特性和蓬叶生长的周年生长变化规律(陈汇林,2010)等方法提取海南岛橡胶种植面积信息,并互相验证,提高准确率,为开展橡胶林分布动态监测提供技术支撑。其次,开展遥感监测橡胶林春季叶片生长状况,从而提出病虫害防治、林间水肥管理等农事建议。通过监测不同时段的 EVI 值和相邻时段增强型植被指数(Enhanced Vegetation Indices,EVI)值的变化,识别橡胶林春季第一蓬叶的变化过程,抽芽期、展叶期和稳定期等叶物候期。根据从展叶期至稳定期所经历的叶片老化时间长短判断嫩芽嫩叶遭受气象灾害和病虫害的概率。还通过建立遥感监测的橡胶林长势和产胶量之间的关系模型开展橡胶产量预报,为政府决策、橡胶期货和橡胶树种植农户田间管理提供技术参考。

随着橡胶特色农业气象中心的建设发展,已经建立了完整的卫星遥感天然橡胶监测技术,卫星遥感已经成为获取橡胶信息的主要手段之一。

10.1 海南岛橡胶树种植分布遥感提取

天然橡胶和煤炭、钢铁、石油并称世界四大工业原料。天然橡胶是国防和工业建设不可缺少的战略物资。随着世界经济的快速发展,天然橡胶在国民经济中的战略物资地位越来越重要,国内外天然橡胶供需矛盾日益突出。利用遥感技术提取天然橡胶种植信息,准确掌握橡胶树的空间分布,把握区域天然橡胶种植的时空变化特征,有利于相关部门及时制定或调整产业发展政策,对天然橡胶资源安全及产业的健康发展具有重要的现实意义。

利用遥感技术提取农作物信息一直是国内外研究的焦点,从 20 世纪 70 年代开始发展,技术方法不断成熟,精度不断提高(刘海启 等,1999)。主要的技术方法有:目视解译法(刘培君,1984;汤明宝,1990)、监督分类法(吴炳方,2000;周红妹 等,1998)、多源多时相数据分析法(温刚,1998)等。近年来,利用 MODIS 数据源采取多时相分析法提取作物信息取得了较好的效果,如谭宗琨等(2007)利用 MODIS NDVI 多时序列数据进行广西甘蔗信息提取,精度达 80% 以上;张霞等(2010)利用 MODIS EVI 时间序列资料提取冬小麦面积,误差小于 20%;黄青等(2011)利用 MODIS ND-VI 多时序列数据进行棉花播种面积提取,精度达 78%。但多时相分析法提取作物信息存在遥感数据需要质量订正、物候遥感参数如何利用等技术问题,为了解决遥感数据质量订正问题,学者们研究了各种滤波算法来消除噪声(Savitzky et al.,1964;Jonsson,2002)。曹云锋等(2010)研究认为,非对称高斯滤波要优于 S—G、DL 滤波算法,且非对称高斯函数滤波后的数据较容易获取作物季节特征参数(Jonsson,2002,2004);多时序列遥感提取作物信息的关键在于抓住作物的关键物候特征,并进行归纳总结利用这些特征。针对海南岛地处热带、地形复杂、植被类型多样,遥感观测受云干扰大的特点,利用 MODIS 数据源,采用非对称高斯函数滤波重建长序列遥感数据,结合橡胶树特性定义作物物候季节特征参数用于橡胶树信息提取,旨在提高橡胶树信息的遥感提取精度,以期为天然橡胶的遥感监测提供理论和技术支持。

10.1.1 研究区概况与数据来源

海南岛属热带季风气候,干湿季节鲜明。岛内分布着独特的热带雨林和热带山地雨林。大英百科全书记载,10°S—15°N是天然橡胶的最佳种植地带,海南岛不在该纬度范围内,但我国充分利用海南岛独特的气候资源优势,开创了海南岛天然橡胶产业发展的局面,建成为我国最大的天然橡胶生产基地。

MODIS EVI资料取自美国国家航空航天局(National Aeronautics and Space Administration,NASA)的500 m分辨率的植被指数(Vegetation Indices,VI)16 d合成数据。时间为2001年1月—2011年12月共253个时相的数据,为完全覆盖海南岛每个时相取V28H6和V28H7(NASA分块标准)两块数据拼合。NASA提供的Vegetation Indices的产品数据为HDF5格式,采用的投影为正弦双曲线投影。在此使用IDL(Interface description language,接口描述语言)读取处理该数据,拼接后投影转换提取海南岛范围的EVI及EVI质量控制数据并保存为18.13°—21.18°N,108.6°—111.06°E的二进制格式文件。橡胶林及其他植被样区数据来源为高精度GPS(Global Positioning System,全球定位系统)采样数据,该数据被转换成SHP文件,以便后续使用。

10.1.2 数据处理方法

(1)非对称高斯函数滤波

Tsuyoshi等(2002)为解决字体形状识别问题,提出了非对称高斯函数模型,该函数模型可广泛用于各个领域。Jonsson等(2002,2004)把非对称高斯函数模型引入到遥感时间序列数据滤波并对其进行了改进。采用Jonsson等改进后的非对称高斯函数模型,其计算公式为

$$f(t) = f(t;c_1,c_2,a_1,a_2,a_3,a_4,a_5) = c_1 + c_2 g(t;a_1,a_2,a_3,a_4,a_5) \quad (10.1)$$

$$g(t;a_1,a_2,a_3,a_4,a_5) = \begin{cases} \exp\left[-\left(\dfrac{t-a_1}{a_2}\right)^{a_3}\right], t>a_1 \\ \exp\left[-\left(\dfrac{t-a_1}{a_4}\right)^{a_5}\right], t<a_1 \end{cases} \quad (10.2)$$

式中,参数c_1控制整个曲线的最低点的位置,c_2决定曲线的放大缩小倍数,a_1决定曲线最大值或最小值出现的位置,a_2、a_4分别决定左右两边曲线的高低幅度,a_3、a_5决定左右两边斜率。图10.1显示了c_1参数变化时曲线形态的变化。

式(10.1)和式(10.2)中的c_1、c_2、a_1、a_2等参数根据加权最小二乘拟合过程来确定,即求出式(10.3)中X^2取最小值时参数$(c_1,c_2,a_1,a_2,a_3,a_4,a_5)$的组合。

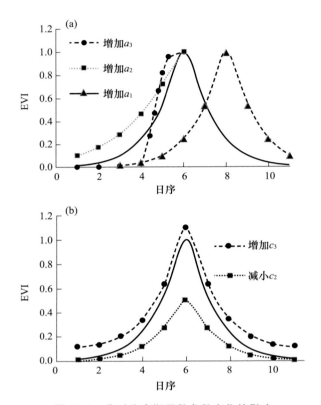

图 10.1 非对称高斯函数参数变化的影响

(a)改变参数 a_1、a_2、a_3 带来的影响;(b)参数 c_1、c_2 变化后函数的变化

$$X^2 = \sum_{i=n_1}^{n_2} \left[\frac{f(t;c_1,c_2,a_1,\cdots,a_5) - I_i}{\sigma_i} \right]^2 \tag{10.3}$$

式中,f 函数为某区间内的非对称高斯函数;I_i 表示卫星反演的 EVI 值;σ_i 表示该观测值所占权重,由 EVI 反演质量控制数据确定。

整个时间序列包括多个最大值和最小值组成的区间,全局函数模型可使整个序列的拟合尽可能地准确,全局函数模型的计算公式为:

$$F(t) = \begin{cases} \alpha(t)f_L(t) + [1-\alpha(t)]f_C(t), & t_L < t < t_C \\ \beta(t)f_C(t) + [1-\beta(t)]f_R(t), & t_C < t < t_R \end{cases} \tag{10.4}$$

式中,$\alpha(t)$ 和 $\beta(t)$ 分别表示从 0 到 1 或 1 到 0 变化的表达式,$f_L(t)$、$f_C(t)$ 和 $f_R(t)$ 代表三个连续局部空间范围内拟合的非对称高斯函数。

(2)定义橡胶树物候特征参数

植被指数可以反映橡胶树生长的绿度与植被覆盖程度,植被指数的变化与橡胶树发育期或物候相对应。根据橡胶树的实际生长情况定义如下几个关键物候特征参数。①生长起始时间点(StartTime)：拟合的时间序列曲线上 EVI 为最小值时对应的时间点或 EVI 从最小值开始明显增大的时间点,此时对于橡胶树来说叶片开始蓬叶抽芽。②生长结束时间点(EndTime)：时间序列曲线上最小 EVI 值对应的时间点或 EVI 接近最小值的时间点,此时对应的橡胶树物候为落叶盛期,叶片停止生长、大量落叶。③生长季时长(SLong)：从生长起始时间点到生长结束时间点之间时间总长。④生长最旺盛时 EVI 值(EviMax)：时间序列曲线上 EVI 达到橡胶树生长起始时间点到橡胶树生长结束时间点最大值,橡胶叶片表现为生长旺盛、叶片绿度高、叶面积指数大。⑤生长季 EVI 变化范围(EviAmplitud)：从生长起始时间点到生长结束时间点时间范围内 EVI 的变化幅度大小。⑥EVI 积分(Integral)：从生长起始时间点到生长结束时间点时间上拟合函数的积分。⑦生长有效 EVI 积分(EIntegral)：从生长起始时间点到生长结束时间点时间上大于生长开始时间点和生长结束时间点时最小 EVI 值的拟合函数的积分。各特征参数定义如图 10.2所示。

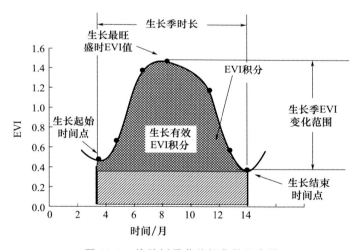

图 10.2　橡胶树季节特征参数示意图

（3）橡胶树及其他典型作物样区建立

依据海南岛地域的天气、物候及橡胶树品系差别,在海南岛东部（东升农场、东岭农场）、西部（西联农场、西华农场）、南部（保亭热带作物研究所）、北部（红明农场）和中部（阳江农场）选择 7 个橡胶园作为橡胶树样区。同时,为了比较橡胶树与其他植被季节特征参数的异同,建立 2 个热带雨林样区和 3 个非林农业植被样区。使用手持 GPS 进行样点及样区的定位。

（4）橡胶树信息提取算法

设待识别作物每一个特征参数为一维空间，n 个特征参数就代表有 n 维空间。将研究区内每个格点视为 n 维空间的一点，那么衡量任意两个格点之间各特征相似度就等于计算这 n 维空间两个点的距离。显然，两点之间的距离越短，代表两个格点各特征参数就越相似，反之则越不相似。两地之间的距离可以使用欧式距离来计算（王雪娥，1989；魏淑秋，1985）。

$$D_{i,j} = \sqrt{\sum_{k=1}^{n} (X'_{i,k} - X'_{j,k})^2} \tag{10.5}$$

式中，$D_{i,j}$ 表示 i 地与 j 地之间的欧氏距离系数，k 表示任意一个相似特征参数（$k=1,2,3,\cdots,n$），$X'_{i,k}$ 和 $X'_{j,k}$ 分别为 i 个格点与 j 个格点第 k 个相似特征参数的标准化值。采用相似特征参数的标准化值是为了消除不同特征参数不同量纲的影响。标准化具体处理可使用下面公式：

$$X'_{i,k} = \frac{X_{i,k} - \bar{X_k}}{\delta_k} \tag{10.6}$$

式中，$\bar{X_k}$ 和 δ_k 分别表示第 k 个特征量的平均值和标准差。

考虑到各特征参数在作物识别中的作用不同，具体使用时对各特征参数进行加权处理。设第 k 个特征参数对作物识别的影响权重为 W_k，则相应的距离公式为：

$$D_{i,j} = \sqrt{\frac{1}{n} \sum_{k=1}^{n} W_k^2 (X'_{i,k} - X'_{j,k})^2} \tag{10.7}$$

不同因子的权重值应根据当地作物特点、不同作物的生长特点以及作物专家们的经验给出。

在进行橡胶树识别时，计算橡胶树纯净像元采样区与待识别像元 $D_{i,j}$ 值，根据橡胶树特性，按照 $D_{i,j}$ 值不同，分为以下几种识别标准：①$D_{i,j}<0.15$ 时为 1 级相似，与橡胶树样区相似程度最高，可直接判别为橡胶树种植区；②$0.15 \leqslant D_{i,j} < 0.3$ 时为 2 级相似，与橡胶树样区有一定相似程度，可认为是有混合像元的橡胶树种植区；③$0.3 \leqslant D_{i,j} < 0.7$ 时为 3 级相似，与橡胶树样区相似程度稍差，可认为可能存在橡胶树的像元；④$0.7 \leqslant D_{i,j} < 1$ 时为 4 级相似，与橡胶树样区相似程度差，像元存在橡胶树的可能性小；⑤当 $D_{i,j} \geqslant 1$ 时，一般认为两像元的作物物候季节特征参数不相似，该像元不存在橡胶树。

10.1.3 结果与分析

（1）样本区特征参数值统计特征

为了更好地了解橡胶树特征参数特性及与其他典型植被的差异，分析橡胶树样本区的特征参数统计特征,除橡胶树样本区外还特意建立热带雨林和非林农业植被这两种植被样本区。对各样本区的 MODIS EVI 进行非对称高斯函数拟合并计算已定义的特征参数,按照样本类别统计 2011 年的最大值、最小值、平均值及标准差(表10.1)。样本区特征参数统计表数据显示,橡胶树开始生长时间较非林农业植被和热带雨林早,介于 1—4 月,主要集中在 3 月初;橡胶树结束生长时间较非林农业植被晚而比热带雨林早;橡胶树的生长季节长较非林农业植被和热带雨林长,介于 200～440 d,大部分在 310 d 左右;橡胶树 EVI 最大值较热带雨林小而比非林农业植被大;橡胶树、热带雨林和非林农业植被的 EVI 最大值分别介于区间[0.45,0.68]、[0.57,0.65]和[0.40,0.56];橡胶树的 EVI 振幅明显大于热带雨林和非林农业植被,平均变化幅度在 0.26 左右;橡胶树的 EVI 时间积分较热带雨林小而比非林农业植被大;橡胶树的生长有效 EVI 积分明显大于热带雨林和非林农业植被。

计算橡胶树、热带雨林、非林农业植被三种样区植被周年高斯拟合后平均 EVI 值,得到三种植被的 EVI 变化曲线(图 10.3)。变化曲线揭示出三种植被周年变化规律:橡胶树样区 EVI 周年变化明显,另外两种植被也有明显的季节性变化特征,但是变化幅度没有橡胶树大;橡胶树和非林农业植被 EVI 最大值出现时间基本一致,而热带雨林 EVI 最大值出现时间则稍晚;橡胶树 EVI 值范围大于非林农业植被而略小于热带雨林。

表 10.1　橡胶树样本区特征参数统计

作物	统计量	StartTime	EndTime	SLong	EviMax	EviAmplitud	Integral	EIntegral
橡胶树	最大值	122.88	415.20	444.16	6820.91	4790.97	133580.00	89313.90
	最小值	20.16	268.00	200.96	4513.75	1116.60	70988.60	14957.70
	平均值	64.48	376.48	312.16	5861.34	2609.71	106738.79	37695.77
	标准差	16.48	22.40	27.04	376.44	554.23	10876.30	11049.77
热带雨林	最大值	162.88	467.20	345.44	6501.00	2544.00	134700.00	42900.00
	最小值	101.28	400.00	252.16	5722.00	1172.00	97050.00	11900.00
	平均值	130.24	433.12	302.56	6167.64	1818.45	113907.27	25394.55
	标准差	22.24	19.20	33.92	228.48	454.83	12770.41	9559.84
非林农业植被	最大值	212.80	417.60	348.96	5582.00	1951.00	110800.00	24720.00
	最小值	68.80	243.20	88.96	3994.00	575.90	31340.00	4889.00
	平均值	111.36	346.40	235.92	4961.27	1387.78	71350.91	13166.09
	标准差	41.44	47.84	77.44	442.83	400.12	21880.72	7066.54

注:StartTime、EndTime、SLong 数值为年日序,当值大于 365 时表示持续到第二年。EviMax、EviAmplitud 值放大了 10000 倍。

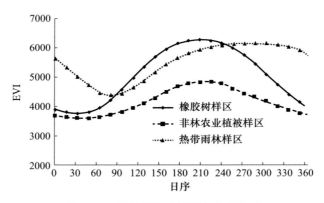

图 10.3　不同样区植被周年变化特征

（2）橡胶树种植信息

对海南岛整个区域 MODIS EVI 进行非对称高斯函数拟合并计算已定义的特征参数，然后结合样本区橡胶特征参数值分布规律及与其他植被特征的差别，按照一定权重计算各格点到橡胶树样区格点的欧式距离，最后根据欧式距离预定标准识别橡胶树种植信息，得到 2011 年橡胶树种植信息。

（3）精度检验

在进行精度检验时，同样依据信息提取算法中分类原则分为纯净橡胶树像元（C_1）、含橡胶树混合像元（C_2）、可能含橡胶树混合像元（C_3）、近非橡胶树像元（C_4）、非橡胶树像元（C_5）5 种类别进行评价，实际验证时依次按照像元内橡胶树种植面积百分比介于区间［90，100］、［50，90］、［10，50］、［1，10］和［0，1］处理。验证数据来源有 3 种，其一是部分橡胶种植农场提供的橡胶种植分布图，其二是高分辨率卫星影像提取的植被分类图，其三是野外调查获取的橡胶树种植信息。为保证精度检验的可靠性，选择样点时按照均一化原则分布于整个海南岛共计选择验证点 461 个。从表10.2 可以看出，基于物候季节特征参数进行植被类型的提取，研究区橡胶树分类精度除含橡胶树混合像元（C_2）外均达到 80% 以上，其中平均分类精度达 85.97%。

表 10.2　分类结果误差矩阵

	C_1	C_2	C_3	C_4	C_5	分类精度/%
纯净橡胶树像元（C_1）	35	5	2	0	0	83.33
含橡胶树混合像元（C_2）	8	75	10	8	1	73.53
可能含橡胶树混合像元（C_3）	2	15	192	12	0	86.88
近非橡胶树像元（C_4）	0	1	2	60	4	89.55
非橡胶树像元（C_5）	0	0	0	1	28	96.55

10.1.4　小结

利用中等分辨率长序列遥感资料提取作物信息是大范围获得目标作物种植信息、长势、时空变化、作物估产等信息的有效方法,其关键在于解决长序列数据的有效数据挖掘。采用非对称高斯函数进行遥感数据滤波,建立基于橡胶树物候特征参数的海南岛橡胶树种植信息提取算法。使用该算法提取的橡胶树信息平均精度达 85.97%,这一方法适用于海南岛橡胶树信息的提取,可以用来提取橡胶树种植信息。

由于 MODIS 分辨率有限混合像元问题突出,在橡胶树信息提取时采取目标像元分类表达的方法,像元类别分为纯净橡胶树像元和不同比例橡胶树混合像元,提取得到的信息更加丰富和准确。利用 MODIS EVI 遥感数据序列进行作物信息提取虽然省时、省力、高效,但由于 MODIS 数据空间分辨率有限,难免存在混合像元,势必影响信息提取的精度,混合像元作物识别技术是改善这一方法的有效途径。

10.2　东南亚地区橡胶林分布遥感提取

东南亚地区产出的橡胶占全球总产量 90% 以上;其中泰国、印度尼西亚、马来西亚三国占全球割胶面积的 72%(莫业勇 等,2020)。掌握该地区橡胶树种植、长势等情况,对我国政府部门及时制定或调整产业发展政策,保障天然橡胶资源供应安全,维护橡胶产业的健康发展具有重要意义。利用遥感技术提取天然橡胶林种植的空间分布信息,获取橡胶林种植的时空变化特征,是开展橡胶林长势、灾害、产量遥感监测的重要前提条件(陈小敏 等,2016;刘少军 等,2016;张京红 等,2014)。

在遥感提取国内橡胶林种植分布方面,张京红等(2010)利用 Landsat-TM 卫星影像采用监督分类的方法提取了海南岛 2008 年天然橡胶种植面积信息。田光辉等(2013)利用 MODIS EVI 数据构建橡胶树物候特征参数提取了海南天然橡胶林分布情况。杨红卫等(2014)利用高分辨率遥感影像纹理和多光谱特征提取了海南岛某农场的精细化分布。在我国另一橡胶主产区云南西双版纳地区,廖谌婳(2014)、余凌翔等(2013)、Senf(2013)也分别通过不同方法开展了橡胶林分布提取,并分析了橡胶林的扩张(Kou,2015)。针对我国境外橡胶林分布情况,李阳阳等(2017)等利用 MODIS 数据及橡胶林的物候特征提取了老挝北部地区橡胶林分布及扩张情况。李宇宸等(2020)等应用决策树方法对 Landsat OLI 多时相遥感影像数据表征的橡胶树物候特征提取了中国、老挝、缅甸交界区橡胶林分布情况。从提取采用的数据和分类依据来看,多数研究采用 MODIS 中分辨率影像多时相植被指数作为区分的橡胶林与天然林的差异特征(李阳阳 等,2017;李宇宸 等,2020;刘晓娜 等,2013;陈汇林等,2010),这种方法适用于大范围橡胶林分布提取;还有研究采用雷达卫星(Dong et al.,2012)、高分辨率遥感影像纹理(杨红卫 等,2014;张京红 等,2014;余凌翔 等,2013)作为分类依据,提取小范围、精细化分布情况。以上研究主要针对我国海南、云南和周边国家橡胶种植区,而对橡胶种植最多的泰国、印度尼西亚、马来西亚地区分布提取的研究较少。

东南亚橡胶主产区(泰国、印度尼西亚、马来西亚)空间范围大、遥感影像产品数据量巨大,传统的数据下载、单机运算成为提取该地区橡胶林分布情况的瓶颈。因此,利用 Google Earth Engine(GEE)遥感数据处理云平台(韩冰冰 等,2020),以 Landsat OLI 及 MODIS NDVI 数据作为数据源,融合光谱、物候两种特征作为分类依据,通过云计算技术解决大尺度、长时序的海量遥感数据处理问题,快速、准确提取东南亚地区橡胶林分布。

10.2.1 研究区概况与数据来源

研究区包括橡胶种植面积最广、产量最高的泰国、印度尼西亚、马来西亚 3 国,位于 20°N—10°S,96°—140°E。泰国地处中南半岛,为热带季风气候,年均气温 24～30 ℃,常年温度不低于 18 ℃,平均年降水量约 1000 mm;11 月—次年 2 月受较凉的东北季风影响,比较干燥,3—5 月气温最高,可达 40～42 ℃;7—10 月受西南季风影响,是雨季;农作物一般在雨季播种,旱季收获。印度尼西亚和马来西亚地处马来群岛,属热带雨林气候,终年高温多雨,年平均温度 25～27 ℃,无四季之分,北部受北半球季风影响,7—9 月降水量丰富,南部受南半球季风影响,12 月、1 月、2 月降水量丰富,年降水量 1600～2200 mm。

研究区地处热带,云量较多,遥感影像数据质量较差。因此,选用 GEE 平台提供的 Landsat 7 2012—2014 年大气层顶影像产品融合数据集(来源于 https://developers.google.com/earth-engine/datasets/catalog/LANDSAT_LE7_TOA_3YEAR)。该数据集为 GEE(Google Earth Engine,谷歌地球引擎)对经 NASA 辐射定标、几何校正、云雪阴影掩膜处理的大气层顶反射率产品(TOA)用 Simple compose(简单组合)方法融合而成。

植被指数选用 MODIS MOD13Q1 数据集(2011—2016 年)。该数据集是由美国国家海洋和大气管理局先进的中分辨率成像光谱仪(MODIS)生成的归一化植被差值指数,空间分辨率为 250 m,时间分辨率为 16 d(李伟光 等,2014)。

纯净、典型的样本是高精度分类的关键。为保证具有足够数量和质量的样本点用于分类以及精度验证,利用 google earth(谷歌地球)高分辨率影像数据目视解译具有代表性、典型性的纯净像元作为样本点。

10.2.2　数据处理方法

(1)光谱指数计算

热带地区遥感分类提取的难点在于获取无云数据以及从众多植被覆盖中探寻橡胶林的特征差异。遥感分类中通常利用光谱波段特征和光谱指数对土地进行分类,划分为森林类、橡胶林、农田类、水体类、人工建筑(裸地)类。光谱波段特征光谱为 Landsat7 3 a 大气层顶光谱融合数据,其中 1~5 波段、7 波段为大气层顶反射率,波段 6 为大气层顶亮温。为增加光谱区分能力,采用了两种光谱指数,即归一化差值植被指数(Normalized Difference Vegetation Index,NDVI)和归一化差值水体指数(Normalized Difference Water Index,NDWI)。其中,归一化差值植被指数(NDVI)是由红光波段和近红外波段构成的波段组合,该指数可以反映作物长势、茂密程度以及植被分布情况。具体计算见式(10.7)(李宇宸 等,2020)。

$$NDVI = \frac{B_{nir} - B_{vis}}{B_{nir} + B_{vis}} \tag{10.8}$$

式中,B_{nir} 和 B_{vis} 分别为近红外波段(B5)和可见光红波段(B4)的反射率。

归一化差值水体指数(NDWI),通过绿光波段和近红外波段间组合可以有效抑制其他类型的地表覆被而有效的凸显水体信息,利于区分水体信息。具体 NDWI 计算公式为式(10.9)(李宇宸 等,2020)。

$$NDWI = \frac{B_{green} - B_{nir}}{B_{green} + B_{nir}} \tag{10.9}$$

式中,B_{green} 为可见光绿波段(B3)的反射率。

(2)植被物候

研究区域的橡胶与天然森林都属于常绿植被,但橡胶林区别于其他天然森林的特征是橡胶林具有典型的物候变化。典型物候变化直接体现在叶的凋落和抽发上。研究区橡胶林 12 月—次年 2 月开始落叶;第一蓬叶抽发期为 3 月到 4 月;第二蓬叶抽发期开始时期为 5 月,此时橡胶林进入夏花期;第三蓬叶抽发期为 7—8 月。所以在 2 月落叶后,3—4 月第一蓬叶抽发时,植被指数有一低值时间段。为反映橡胶林物候的变化情况,对 2011—2016 历年同期年 1—6 月(12 期 16 d 合成数据)的 MO-DIS MOD13Q1 中 NDVI 通过 simple compose 方法求中间值,利用该序列反映橡胶林最典型的落叶—新叶抽生物候特征。

(3)分类算法

采用的分类回归树(Classification and Regression Trees,CART)是一种决策树

分类器。该分类器考虑了地物的多重属性,并综合考虑了各属性的重要程度,是一种分类精度较高的常用遥感分类模型。CART 分类器的流程为先从已知样本中归纳总体规律,将训练样本属性分成多个训练元组,计算这些元组分裂前后基尼指数,找到最好的分裂准则及分裂值,然后将根节点一分为二,依此进行递归运算,最终拟合出一个适合样本数据的最优二叉树(于莉莉 等,2020)。采用的 CART 分类器由 GEE 内置的 smileCart 函数实现。

(4)精度评价

为掌握 CART 分类模型的准确性,将样本点 70% 用于建立分类模型,30% 用于精度评价。利用混淆矩阵检验分类精度,计算的总体分类精度(Overall Accuracy,OA)与 Kappa 系数。Kappa 系数的大小能反映出提取的分布与真实地表覆盖物的空间一致性。当 Kappa 系数小于 0.4 时,表明一致性不理想;当 Kappa 系数位于 0.4～0.6 时,说明二者一致性效果较一般,当 Kappa 系数大于 0.6 时,说明分类结果与真实分布有较强的一致性(李宇宸,2020)。二者计算公式见式(10.10)、式(10.11)。

$$OA = \frac{\sum_{i=1}^{k} x_{ii}}{x} \tag{10.10}$$

$$Kappa = \frac{x \sum_{i=1}^{k} x_{ii} - \sum_{i=1}^{k} x_{i*} \ x_{*i}}{x^2 - \sum_{i=1}^{k} x_{i*} \ x_{*i}} \tag{10.11}$$

式中,x_{ii} 为混淆矩阵中的第 i 行 i 列中的数,x 为验证数据集总数,x_{i*}、x_{*i} 分别为混淆矩阵中的第 i 行和第 i 列总样本数量,k 为分类数。

(5)技术路线

采用如下技术路线进行源数据处理、构建分类模型、评价精度、提取橡胶林分布(图 10.4)。

10.2.3 结果与分析

(1)典型橡胶林影像

在高分辨率的遥感影像下,可以清晰地发现橡胶林、大型农作物农田、天然森林具有显著的差异(图 10.5)。天然森林植被密度高,亮区连片、阴影呈散落斑点状;橡胶林及大型作物农田在种植时被人工排列成整齐的行列,具有明显的行列纹理特征。橡胶林与大型农作物相比,都成行成列,但大型农作物的农田一般行列间距更大;在冠层形态上也有显著不同,橡胶林在一行中更密集。若对橡胶林与大型农作物存在不确定,查阅 google earth 历史影像即可发现不同:橡胶林历史影像变化不

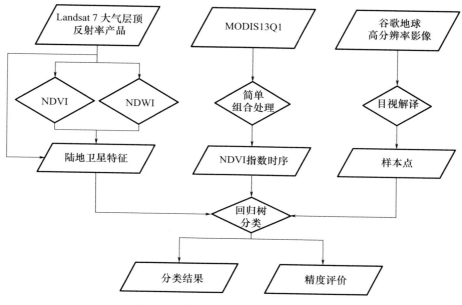

图 10.4　橡胶林分布提取技术路线图

大,均为行列种植的大型树木;农田历史影像变化差异相对更大,这是由于农作物生长更快、种植的作物更换更加频繁。其他水体、城镇用地(裸地)在影像上具有更加清晰明显的差异。通过目视解译识别这些差异可以选定典型样本区,共选取橡胶林样本像元点 107 个,天然森林 113 个,水体 30 个,人工建筑用地(裸地)240 个,农田 223 个。

图 10.5　橡胶林与其他植被覆盖区高分辨率遥感影像对比

(2)不同地表覆盖类型的光谱信息对比

遥感影像分类过程中首先考虑研究区目标地表覆盖类型,将地表覆盖类型划分为农田类、天然森林类、橡胶林类、水体类及城镇用地类。统计典型地表覆盖纯净像元的光谱信息,由不同波段的反射率可以发现:水体和城镇用地在波段 1～3 显著高于植被覆盖的区域,而在波段 4 又低于植被覆盖区域。这个差异可以准确区分植被覆盖区和水体、城镇用地。波段 6 为亮温数据,几种地表覆盖类型差距较小,普遍在 300 K 亮温附近。农田在波段 4 的反射率较橡胶林、天然森林显著要小,易与天然森林和橡胶林区分(图 10.6)。橡胶林与天然森林两者曲线走势及数值都非常相近,单纯依靠不同波段的光谱特征区分橡胶林与天然森林较为困难。因此,需进一步选择能反映物候差异的 NDVI 时间序列才能较好识别橡胶林。

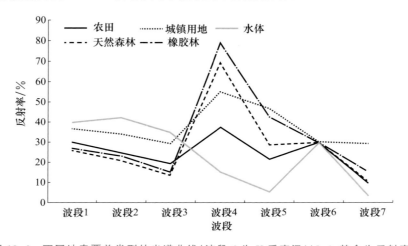

图 10.6　不同地表覆盖类型的光谱曲线(波段 6 为 K 氏亮温×0.1,其余为反射率)

(3) 森林与橡胶林 NDVI 时间序列分析

不同的植被在不同季节或生育期表现出不同生理特征,比如生叶、落叶,这些变化能够通过多时相植被指数时间序列的变化曲线来表示。本节提取了上半年 12 期 16 d 合成的 NDVI 数据中间值(图 10.7),对比发现,农田在所有时相的植被指数均小于天然森林及橡胶林;天然森林 NDVI 值在不同时间普遍稳定在 0.7~0.8 附近;橡胶林在第 4~6 期有一个低值时段。橡胶林在春季一般有落叶、第一蓬叶抽发的物候现象。我国区域橡胶林一般 12 月开始落叶,至次年 2 月落叶过程完成,3—4 月第一蓬叶抽发完成。橡胶林落叶、新叶抽发时间主要受气温影响,气温越高落叶时间越晚,新叶抽发速率越快。分析东南亚地区典型橡胶林 NDVI 曲线可以发现,该地区的橡胶林与中国区域具有相似的物候特征,在 2 月下旬—3 月完成落叶、新叶抽发过程。因此,可以通过 NDVI 时间序列反映出的橡胶林与天然森林不同物候特征区分二者。

(4)分类精度

基于目视解译的典型样本数据,采用分类回归树 CART 方法对典型样本分类,并根据分类结果建立混淆矩阵(表 10.3)。依据精度评价计算式(10.10)和式(10.11),该分类结果的总体分类精度为 95.8%,kappa 系数为 0.94。从分类精度评价指标来看,这个分类结果精度能够满足空间分析与实际应用需求。从橡胶林样本生产者精度来看,达到 93.8%;用户精度达到 88.2%,也达到较高的水平。从橡胶林分类误差的来源看,主要发生在农田、森林和橡胶林之间,特别是森林与橡胶林之间。总体而言,这个分类模型的精度满足大范围提取橡胶林分布的要求。

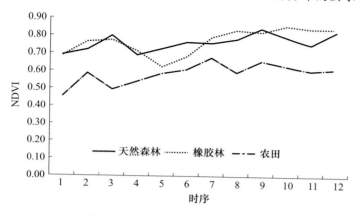

图 10.7　典型植被类型 NDVI 曲线

表 10.3　东南亚土地覆盖分类混淆矩阵

样本	分类				
	农田	森林	橡胶林	水体	建筑用地
农田	64	0	1	0	2
森林	1	30	3	0	0
橡胶林	0	2	30	0	0
水体	0	0	0	10	0
建筑用地	0	0	0	0	72

（5）东南亚橡胶林分布状况

利用 GEE 云计算平台根据上述建立的 CART 分类模型提取的东南亚地区(泰国、马来西亚、印度尼西亚)橡胶林分布发现:泰国中部、南部半岛橡胶林分布较为集中,另外,东部小范围地区较为集中,其余地区零星分布。马来西亚的橡胶林主要分布在马来半岛的东部和南部,而加里曼丹岛北部地区橡胶林相对稀疏。印度尼西亚橡胶林在苏门答腊岛分布较为集中,特别是苏门答腊岛的南部东侧,加里曼丹岛分布相对稀疏。遥感提取的东南亚三国橡胶林分布与 3 个国家橡胶产区的文字描述基本一致,可作为开展橡胶林长势、灾害等遥感监测的基础数据。

10.2.4　小结

利用 GEE 云计算平台,通过目视解译高分辨率遥感影像选取典型样本区,分析

Landsat 影像和 MODIS NDVI 时间序列差异,建立 CART 分类回归树分类模型,提取橡胶林分布信息。目视解译发现,在高分辨率遥感影像下,橡胶林具有独特的行列纹理特征,区别于其他植被覆盖区。天然森林与橡胶林在 Landsat 多波段光谱曲线较为相似,与其他地物特征显著不同。MODIS NDVI 时间序列反映的植被物候特征表明,东南亚地区的橡胶林与我国境内的类似,在 2 月下旬—3 月完成落叶、新叶抽发,相应时段的 NDVI 有一低值时段。利用以上影像特征建立的 CART 分类回归树模型,分类精度达 95.8%。模型提取的橡胶林在泰国中部、南部半岛,马来半岛的东部和南部地区,苏门答腊岛分布较为集中,而泰国北部、加里曼丹岛及其他岛屿橡胶林相对稀疏。提取的橡胶林分布信息与文献中橡胶林分布及相关文字描述相吻合。

研究区域地处热带,全年云量大、大气中水汽含量高,严重影响光学遥感影像及产品的质量,很难获取特定时间段内高质量的大范围无云影像。为克服缺少光学影像问题,雷达等主动遥感影像被尝试用来研究土地分类(陈帮乾 等,2015)。雷达遥感对土壤水分变化较为敏感,用于大范围分类时,会因土壤水分差异而影响精度,常用于小范围、高精度提取。橡胶作为一种多年生常绿植物,在空间分布上相对稳定。所采用的 Landsat 7 3 a 大气层顶影像产品融合数据集和 MOD13Q1 NDVI 时间序列数据集,均为多时次遥感影像通过 simple compose 方法合成的数据集,反映的是地物光谱特征的中间值,具有一定的稳定性,在本分类中具有较好表现。另一个影响橡胶林分布提取精度的原因是农田、天然森林、橡胶林之间的混淆。当森林上空悬浮的薄云未达到云识别阈值时,会造成 NDVI 值的下降,可能为误识为橡胶林。东南亚三国森林覆盖率高,在 55%~75%以上,即使有小比例森林辨识为橡胶林,也会造成用户精度下降较大。在这三个国家中橡胶林占国土的面积比例较小,而且种植的集中程度低于中国的海南及西双版纳,这也给橡胶林分布的提取带来了困难。未来需要进一步实地调研获取第一手典型样方,结合地形、橡胶林的年龄等信息来构建更高精度的分类模型,进一步对东南亚橡胶主产区开展长势和产量遥感监测,以满足政策制定、贸易判断等决策需求。

10.3 橡胶树长势遥感监测

橡胶树长势受到光、温、土壤、水、气(CO_2)、肥、病虫害、灾害性天气、管理措施等诸多因素的影响,是多因素综合作用的结果。在橡胶树生长早期,主要反映了橡胶树的苗情好坏;在橡胶树生长发育中后期,则主要反映了橡胶树植株发育形势及其在产量丰歉方面的指定性特征。尽管橡胶树的生长状况受多种因素的影响,其生长过程又是一个及其复杂的生理生态过程,但其生长状况可以用一些能够反映其生长特征并且与该生长特征密切相关的因子进行表征。对橡胶树长势遥感监测的原理是建立在橡胶树光谱特征基础之上的,即橡胶树在可见光部分(被叶绿素吸收)有较强的吸收峰,近红外波段(受叶片内部构造影响)有强烈的反射率,形成突峰,这些敏感波段及其组合形成植被指数,可以反映橡胶树生长的空间信息(图10.8)。长势遥感监测的基础是必须有可用遥感监测的生物学长势因子,以植被指数、叶面积指数等为代表的植被遥感参数是公认的能够反映橡胶树长势的遥感监测指标。

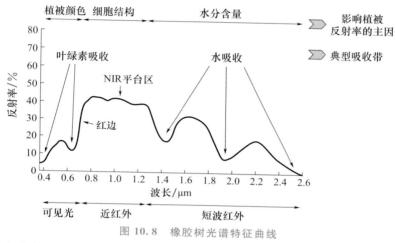

图 10.8　橡胶树光谱特征曲线

叶面积指数(leaf area index,LAI)是指单位土地面积上植物叶片总面积占土地面积的倍数。即:叶面积指数＝叶片总面积/土地面积。实验发现,叶面积指数是与长势的个体特征和群体特征有关的综合指数。橡胶树的叶面积指数是决定橡胶树光合作用速率的重要因子,叶面积指数越大,光合作用越强,这是用叶面积指数监测长势的基础。NDVI 与橡胶树的 LAI(叶面积指数)有很好的相关性,在橡胶树的长势监测中,已被作为反映橡胶树生长状况的良好指标。

10.3.1　数据来源

橡胶树长势监测主要包括实时监测和过程监测。实时监测主要指利用实时NDVI 图像的值,通过其与上一年或多年平均,以及指定某一年的对比,反映实时的橡胶树生长差异,可以对差异值进行分级,统计和显示区域的橡胶树生长状况。过程监测主要是通过时序 NDVI 图像来构建橡胶树生长过程,通过生长过程的年际间的对比来反映橡胶树生长的状况,也有称之为随时间变化监测。橡胶树生长期内,通过卫星绿度值随时间的变化,可动态地监测橡胶树的长势。且随着卫星资料的积累,时间变化曲线可与历年的进行比较,如与历史上的高产年、平年和低产年,以及农业部门习惯的上一年等。通过比较寻找出当年与典型年曲线间的相似和差异,从而做出对当年橡胶树长势的评价。可以统计生长过程曲线的特征参数包括上升速率、下降速率、累计值等各种特征参数,借以反映橡胶树生长趋势上的差异。

2001—2020 年资料来源于 MODIS MOD13Q1,该产品为 Landsat 2 标准数据产品,内容为栅格的归一化差值植被指数和增强型植被指数(NDVI/EVI),空间分辨率 250 m。

10.3.2 数据处理方法

NDVI 曲线是 NDVI 时间序列数据构成的反映植被生物学特征相随时间变化的最佳指示因子,也是季节变化和人为活动影响的重要“指示器”。理论上,由于植被冠层随时间变化幅度较小,该曲线应该是一条连续平滑的曲线。然而,由于云层干扰、数据传输误差、二向性反射或地面冰雪的影响,在 NDVI 曲线中总是会有明显的突升或突降。尽管在 NDVI 时间序列数据集中经常采用多天的最大值合成法及云层检测算法进行处理,其数据产品中仍然存在较大的残差,阻碍了对数据的进一步分析利用并可能导致错误的结论;针对这些问题采用一些算法可降低噪声水平,对 NDVI 时间序列数据集进行重构。这些方法主要分为两类:时间域上的处理,包括最佳指数斜率提取法(Best Index Slope Extraction,BISE)、中值迭代滤波法(Median Iterative Filtering,MIF)、S-G 滤波法,以及频率域上的处理(如傅里叶变换)。

S-G 滤波算法原理:Savitzky 和 Golay(1964)提出的 S-G 滤波器,又称最小二乘法或数据平滑多项式滤波器。S-G 滤波的设计思想是能够找到合适的滤波系数(C_i)以保护高阶距,即在对基础函数进行近似时,不是常数窗口,而是使用高阶多项式,实现滑动窗内的最小二乘拟合。其基本原理是:通过取点 X_i 附近固定个数的点拟合一个多项式,多项式在 X_i 的值,就给出了它的光滑数值 g_i。基于 S-G 滤波原理,NDVI 时间序列数据的 S-G 滤波过程可由下式描述:

$$Y_j^* = \sum_{i=-m}^{i=m} \frac{C_i Y_{j+i}}{N} \tag{10.12}$$

式中,Y_j^* 为合成序列数据,Y_{j+i} 代表原始序列数据,C_i 为滤波系数,N 为滑动窗口所包括的数据点($2m+1$)。

10.3.3 结果与分析

(1)NDVI 与 EVI 的差异性

为对比海南岛 NDVI 与 EVI 对地面植被监测的差异,分别计算出研究 2018 年 5 月的 NDVI 与 EVI 值,定量统计两个植被指数下的遥感像元。对比图 10.9 中 ND-

VI、发现 EVI 分布频率曲线,发现 EVI 能更好地克服 NDVI 在高植被区易饱和的问题,表明 EVI 更适用于橡胶树长势监测。

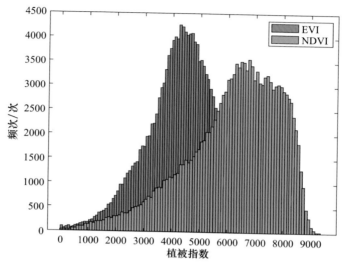

图 10.9　多时段 NDVI 与 EVI 频次分布情况

（2）橡胶长势遥感监测应用

2020 年 5—6 月,海南岛先后经历 3 次高温过程,累计高温日数达 49 d,分别为 5 月 3—26 日(24 d)、5 月 30 日—6 月 13 日(15 d)、6 月 20—29 日(10 d)。澄迈、临高、儋州、屯昌和白沙 5 个市(县)的高温日数超过历史同期最高纪录。5 月 1 日—6 月 29 日,全岛平均降水量 213.5 mm,较常年偏少 46%;海口、定安、琼海、白沙、昌江、东方、五指山和三亚 8 个市(县)降水较常年同期偏少 50%以上。高温少雨导致气象干旱显著发展。截至 6 月 29 日,全岛 14 个市(县)出现不同程度气象干旱,其中白沙、定安、东方处于特旱,昌江、海口、澄迈处于重旱,屯昌、琼中、琼海、三亚处于中旱状态。

高温干旱天气对海南橡胶树产胶造成了不利影响,尤以西部橡胶产区为甚。长期高温及水分胁迫使橡胶树根系活力下降,叶片形态结构发生变化,新叶变黄、卷曲甚至脱落;幼龄与成龄胶树生长迟缓。土壤水分供应严重不足,导致橡胶树叶片光合作用受到抑制,生长受阻,乳胶合成减少;高温还造成橡胶树割胶面早凝,排胶受阻,显著影响出胶量。

FY-3D 气象卫星对 2020 年 6 月海南岛植被指数 EVI 的监测显示,与 2019 年同期相比,海南岛大部分地区植被指数偏低,西部橡胶主产区 EVI 显著偏低(见图 10.10 中的红色、橙色部分)。这与高温干旱对橡胶树长势的影响一致,表明 EVI 指数较好地反映了高温干旱导致的橡胶树长势变化。

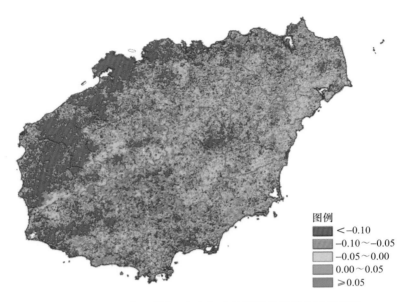

图 10.10　2020 年 6 月与 2019 年 6 月海南岛植被指数差值图

10.3.4　小结

橡胶树长势受到光、温、水、土壤、气候条件、病虫害及管理措施等多因素综合作用的影响,其早期主要反映苗情方面,中后期则体现在植株发育及产量特性方面。橡胶树生长过程虽然复杂,但其长势可通过叶面积指数(LAI)和植被指数(NDVI、EVI)等指标表征。对比分析显示,EVI 更适合监测高植被覆盖区的橡胶树长势。

2020 年海南岛高温少雨导致严重气象干旱,影响橡胶树生长及乳胶产量。高温和水分胁迫使橡胶树叶片形态发生变化,遥感数据显示,2020 年 6 月海南岛西部橡胶主产区 EVI 显著偏低,反映出了干旱对橡胶长势的影响。此结果表明遥感技术能准确评估橡胶生长变化,可为橡胶种植管理和气象服务提供技术支撑。

10.4　海南岛橡胶林春季物候期的遥感监测

海南岛是我国橡胶树主要种植基地,全岛橡胶树种植面积达 52.6 万 hm^2,干胶年产量 42 万 t,橡胶种植面积约占全国的 44%,干胶产量约占全国的 46%。割胶作业、橡胶产品加工和销售是海南农垦员工和地方胶农的主要经济来源之一。年干胶产量的多寡取决于春季橡胶林第一蓬叶生长状况。第一蓬叶展叶期、稳定期和叶片老化速度,极大地影响了叶片生长的数量和质量,从而影响橡胶树开始割胶生产时间,因此,准确识别、快捷方便和大范围监测天然橡胶春季叶片的物候变化尤其显得重要。传统物候研究方法以地面定点观测为主,耗费人力物力、工作周期长和调查成本高等缺点,导致橡胶物候观测资料鲜有记载。近年来,卫星遥感具有重复观测、宏观和成本低廉的观测优点,为物候研究提供了有利条件(李荣平 等,2006;张学霞等,2003;陈效逑 等,2009;张峰 等,2009),张明伟(2006)利用不同遥感信息监测了我国不同区域的水稻等常规作物物候特征,丁美花等(2007,2012)利用遥感资料在广西甘蔗长势监测方面做了很多工作。现有研究大多数为对一年生作物遥感监测物候变化特征。目前针对多年生大型经济作物橡胶树遥感监测,集中在利用不同卫星进行面积提取,如 MODIS(陈汇林等,2010;Dong et al.,2012;田光辉 等,2013)、TM(张京红 等,2010)、QuickBird(刘少军 等,2010)和 HJ 等卫星(余凌翔 等,2013),以及橡胶树灾害监测研究(陈小敏,2013),针对橡胶树叶片物候期监测研究鲜见报道。归一化差值植被指数(NDVI)存在植被高覆盖地区容易出现饱和的缺陷,而遥感增强型植被指数(EVI)可以弥补这个缺陷(王正兴 等,2006)。因此,利用陈汇林等(2010)在多时相遥感信息识别和空间分布研究的面积提取结果,以 MO-DIS/EVI 数据源监测橡胶树春季生长动态变化,探讨叶片物候期识别方法,以期为海南橡胶产业、割胶作业和林间管理等提供客观、及时和科学的信息。

10.4.1　研究区概况与数据来源

海南岛陆地面积 3.39 万 km²,地貌以山地和丘陵为主,占全岛面积的 38.7%。海南岛地处热带,属热带季风海洋性气候,长夏无冬,降雨充沛,时空分布不均,雨季为 5—10 月,占年降雨量的 80.4%～90.5%,干季为 11 月—次年 4 月,降水量只占9.5%～19.6%;年日照百分率为 40%～62%,光温水充足,光合作用潜力高。

遥感资料由 NASA USGS 提供(http://www.nasa.gov)。选择代号为 MOD13的 MODIS/Terra 的陆地产品数据,空间分辨率为 500 m,时间分辨率为 16 d,每期下载覆盖海南岛区域的 h28v06 和 h28v07 的两帧图幅影像数据。对 MOD13Q1 产品进行的预处理工作包括用 MODIS Reprojection Tool 软件进行投影转换、拼接和EVI 产品抽取,最后通过 GIS 软件进行橡胶种植区域掩膜裁剪。

10.4.2　数据处理方法

橡胶树年周期生长发育规律,具体表现在物候上,分别为:第一蓬叶抽发期、春花期、第二蓬叶抽发期、夏花期、第三蓬叶抽发期、秋果成熟期、冬果成熟期、落叶始期和落叶盛期。物候期是橡胶树本身固有特性和环境条件、农业措施的综合反映，也是确定周年各项农业措施的依据，如开割期和停割期的确定，周年割胶强度的调节，施肥、采种和育苗等农时的安排等。在橡胶树生长发育和生产过程中，第一蓬叶的叶面积最大，一般占全年总叶面积的 50%～70%，因此，监测和保护橡胶第一蓬叶非常重要。根据顶芽和叶片的生长变化，可将春季第一蓬叶的变化过程细分为抽芽期（三小叶片折叠，紧靠一起）、展叶期（古铜期，三小叶逐渐展开）和稳定期（叶面积停止生长，叶片由淡绿变成浓绿）等物候期。海南岛橡胶第一蓬叶一般在 3 月开始展叶，南部较早通常在 2 月底，偶有气候异常时期出现在 4 月初；稳定期通常在 4—5 月；叶片老化速度为橡胶树叶片展叶期至稳定期过程所经历的时间，通常为 40～60 d。叶片老化速度通常反映叶片生长好坏，当春季光、温、水条件比较适宜，叶片老化速度快，经历时间短，嫩芽嫩叶受害概率小；当出现极端天气气候事件影响，叶片老化速度变慢，老化过程需要的时间长，嫩芽嫩叶生长中受"橡胶两病"（白粉病和炭疽病的俗称）影响的概率增加。该研究对橡胶病树害防治、割胶和芽接等生产实践有一定的指导意义。

10.4.3　结果与分析

（1）海南岛橡胶林春季物候期的 EVI 判断指标

利用海南岛橡胶林 EVI 值的时空分布及变化特征分析判断其所处物候期，主要考虑两个因素，一是不同时段的 EVI 值，二是相邻时段 EVI 值的变化。对比 1 月 17 日—2 月 18 日，全岛大部分地区 EVI 值<0.4，占 90%左右，尤以 2 月 2 日和 2 月 18 日，EVI 值处于全年低值，EVI 值<0.3 的面积比例分别占全岛橡胶树种植区域面积的 23.9%和 25.7%，该时期处于橡胶林落叶期；3 月 5 日全岛 91%的橡胶种植区域 EVI 值在 0.3～0.4，该时期橡胶树叶片处于萌动状况；3 月 22 日—5 月 25 日 EVI 值以>0.4 为主导，占全岛橡胶面积的比例从 70.2%上升至 97.7%，该时期橡胶树叶片经历抽芽、展叶和稳定期，其中，EVI 值>0.5 的区域比例，也由 12.6%上升至 68.4%，说明该时段为叶片快速生长至稳定阶段。由此可见，从叶片萌动至叶片抽出嫩叶（2 月 2 日—3 月 22 日），大部分区域 EVI 值迅速上升至 0.4 以上，故认定 EVI 值为 0.4 即为叶片展叶期；橡胶树叶片展叶至稳定期即 4 月 23 日—5 月 25 日，全岛 EVI 值>0.5 区域所占的比例变化不大，可见该阶段橡胶树叶片长势趋于稳定期。

相邻时段（16 d）EVI 值的变化，定义为用当前时段日序的 EVI 值减去前一个时段日序的 EVI 值（例如 2 月 2 日减 1 月 17 日）。EVI 值的变化差值为负，表示绿度减少，说明叶片减少，即橡胶树处于落叶期；为正表示绿度增加，说明叶片增多，即橡胶树处于抽叶期。1 月 17 日—2 月 18 日（即 1 月 17 日日序减 1 月 1 日日序，2 月 2

日日序减1月17日日序,2月18日日序减2月2日日序)橡胶树处于叶片黄化、落叶和落叶末期,其中,2月18日(2月18日日序减2月2日日序)海南岛南部地区 EVI 差值出现正值,说明南部橡胶林第一蓬叶片开始展叶;3月5日(3月5日减2月18日)和3月22日(3月22日日序减3月5日日序)EVI 差值都处于正值,尤其是3月22日减2月18日,涨幅较大,EVI 差值>0.1占71.6%,说明该时段全岛范围橡胶树第一蓬叶普遍进入展叶期。之后,EVI 差值变化幅度减小,尤其是5月9日(5月9日日序减4月23日日序)EVI 变化幅度在±0.05之间,说明橡胶林叶片生长进入稳定期。

综上所述,3月5—22日时间段,EVI 差值为正值,且此后 EVI 差值迅速增大,故认为该日为橡胶树普遍进入第一蓬叶展叶期,对应的海南岛橡胶种植区域平均 EVI 值约为0.4。以海南岛东南部和南部地区最早进入第一蓬叶展叶期,其次是东部和中东部地区,最晚是西北部和中部地区。至5月9日左右,EVI 差值趋于稳定,在其变幅±0.05内波动,故认为该时段为橡胶树叶片生长进入稳定期,对应的全岛橡胶种植区域平均 EVI 值约为0.50。

(2)海南岛橡胶林春季物候期的反演

以橡胶林遥感平均 EVI 值0.40作为橡胶林第一蓬叶展叶期,平均 EVI 值0.50作为稳定期的判断标准,对2001—2014年遥感资料数据进行回代检验。反演的橡胶林叶片物候期时间如图10.11所示。由图可见,橡胶林展叶期主要出现在3月中旬前期,其中最早出现在2009年2月23日,最晚出现在2005年4月20日,最早和最晚展叶期相差56 d;橡胶林叶片稳定期主要出现在5月上旬,其中最早出现在2002年4月4日,最晚出现在2005年5月30日,最早和最晚稳定期相差56 d;橡胶林叶片老化时间长度也不尽相同,平均在50 d,其中最短为29 d(2002年),最长为76 d(2007年),两者相差47 d。

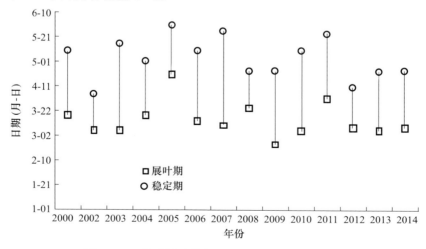

图10.11　橡胶林叶片物候期及老化时间速度分析

（3）结果验证

采用 2001—2014 年海南儋州市南丰镇那王村橡胶物候站点观测数据对研究结果进行验证。由于木本植物物候观测规范标准中没有稳定期的观测,因此,仅对比了展叶期日期。橡胶林展叶期遥感提取日期和人工实际观测日期对比如表 10.4 所示,结果表明:人工观测展叶期日期在 3 月上旬,比遥感提取的展叶期日期平均要早8.2 d;气象灾害影响年份,两者相差天数较大。由于人工物候观测是定点观测,范围较小,仅能代表某地域情况,不能代表全岛的平均物候期。遥感提取展叶期日期是整个植被冠层物候,不仅受遥感空间分辨率的影响,也受地域植被差异的平均值影响,通常出现滞后现象,即遥感获取植被生长季开始日期要晚于地面人工观测日期（陈效述,2000）,本节的研究结果与之相一致。故遥感提取橡胶展叶期日期可以用来研究海南岛区域橡胶物候变化态势。

表 10.4　不同测量方法的展叶期比较

年份	遥感提取日期	人工观测日期	相差天数/d
2001	3 月 18 日	3 月 6 日	12
2002	3 月 6 日	2 月 18 日	16
2003	3 月 6 日	2 月 28 日	6
2004	3 月 18 日	2 月 26 日	20
2005	4 月 20 日	2 月 19 日	60
2006	3 月 14 日	3 月 9 日	5
2007	3 月 10 日	3 月 17 日	−7
2008	3 月 24 日	4 月 5 日	−12
2009	2 月 23 日	2 月 28 日	−5
2010	3 月 6 日	2 月 28 日	6
2011	4 月 1 日	3 月 15 日	−9
2012	3 月 8 日	3 月 12 日	−4
2013	3 月 6 日	2 月 14 日	20
2014	3 月 8 日	3 月 1 日	7

10.4.4　小结

利用遥感影像 MODIS/EVI 数据监测橡胶林动态变化,具有省时省力、节约费用和信息更新快等优点。本研究通过监测海南岛橡胶林的遥感信息资料,分析春季 EVI 值的时空分布及变化特征,判断橡胶林第一蓬叶展叶期、稳定期和老化速度。

通过分析不同时段的 EVI 值与相邻时段 EVI 值变化值,发现 3 月 5—22 日 EVI 差值从负值转化为正值,且迅速增大,EVI 增长值普遍大于 0.1,可认为是橡胶林第一蓬叶展叶期,对应的平均 EVI 值约为 0.4。5 月 9 日左右,EVI 变化幅度趋于稳定,在 ±0.05 内波动,可认为该时段为橡胶林叶片生长进入稳定期,对应的平均 EVI 值约为 0.50。

对 2001—2014 历史 EVI 值回代分析,结果显示,橡胶林展叶期普遍出现在 3 月中旬前期,稳定期普遍出现在 5 月上旬,叶片老化时间长度平均在 50 d。其中,遥感监测展叶期的时间比人工观测偏晚 8.2 d。

10.5　橡胶树寒害遥感监测

寒害是海南岛重大自然灾害之一,尤其是对橡胶树、椰子树等热带作物造成的损失不可忽视。长期以来,对橡胶树寒害受灾程度、空间分布情况等信息的获取一直沿用传统的实地调查、逐级上报、汇总等方式进行(郑启恩 等,2009;高新生 等,2009)。而传统的灾害调查方法浪费大量人力、财力和时间,寒害调查结果往往难以满足各级政府及时做出抗灾救灾决策的需要。对此,有一些学者采用了遥感和 GIS 技术监测作物寒害、冻害(张晓煜 等,2001;匡昭敏 等,2009;张雪芬 等,2009;何燕 等,2009)。谭宗琨等(2010)对 2008 年初广西甘蔗寒冻害遥感监测,监测结果与灾情调查实况一致,灾害面积测算误差小于 5%;张雪芬等(2009)开展小麦冻害遥感监测研究,为客观、定量、快速地评估冻害对冬小麦生长发育的影响起了积极作用。但利用遥感资料进行热带作物寒害监测评估研究相关报道还比较少。本节以 2008 年初海南橡胶林遭遇强低温阴雨导致橡胶寒害为例,探讨遥感技术在橡胶寒害监测方面的应用。

橡胶树原产于赤道低压无风带,喜高温,怕寒冷,温度低于 12 ℃时,对代谢作用有不利影响;温度低于 10 ℃时,易发生爆胶、枝稍干枯、烂脚等症状;低温持续时间越长,积累寒害影响越重。此外,寒害症状具有滞后性,随着温度逐渐回升,症状才陆续出现,如爆皮流胶、割面树皮坏死、枝梢干枯,甚至整个植株死亡(阚丽艳,2008)。遥感监测寒害原理是利用寒害对植物叶片的伤害导致近红外反射率下降,造成植被指数(I_{NDVI})降低的方法。通过计算橡胶寒害发生前、后及无明显寒害年份同期 I_{NDVI} 值进行比较,分析海南岛橡胶树受害的空间分布以及受害程度,为开展橡胶寒害监测预警、灾情评估和灾后重建提供科学依据。

10.5.1 数据来源

采用 NASA USGS 提供的 MODIS MOD13Q1 数据,空间分辨率为 250 m,时间分辨率为 16 d。选取强低温阴雨前(2008 年 1 月 1 日)、后(2008 年 3 月 5 日),以及 2008 年 3 月 21 日(常年第一蓬叶抽发期)与无明显低温的 2007 年同期遥感监测的 4 个时相值进行对比分析。

10.5.2 结果与分析

(1)基于 MODIS/INDVI 橡胶遥感分析

2008 年持续强低温阴雨天气前、后 I_{NDVI} 值的比较见表 10.5。从表 10.5 可以看出,2008 年持续低温阴雨天气发生前(2008 年 1 月 1 日),海南岛橡胶种植区(陈汇林等,2010)植被指数 I_{NDVI} 值较高(经研究发现 I_{NDVI} 值 0.6 以上,橡胶林长势为良好),大部分 I_{NDVI} 值大于 0.6,占 87%,I_{NDVI} 值小于 0.6,仅占 13%;持续低温阴雨结束后(2008 年 3 月 5 日),I_{NDVI} 值急剧下降,0.6 以上仅占 24.7%,大部分地区 I_{NDVI} 值小于 0.6,占 75.3%。对比强低温阴雨灾害前后 I_{NDVI} 值,发现各地橡胶种植区 I_{NDVI} 值均有不同程度的下降现象。其中,I_{NDVI} 值下降幅度 0.3 以上,占 2.5%;下降幅度在 0.2~0.3,占 24.2%;下降幅度在 0.1~0.2,占 45.9%;下降在 0.1 以下,占 24.6%,仅有很小一部分橡胶种植区处于上升情况。就全岛橡胶种植区而言,I_{NDVI} 值下降幅度比低温阴雨天气前平均减小 0.15。

表 10.5 2008 年持续低温阴雨天气前后橡胶种植区 I_{NDVI} 值对比

I_{NDVI}	受灾前占比/%	受灾后占比/%	ΔI_{NDVI}	强低温阴雨前后对比/%
≤0.5	2.43	34.33	≤−0.3	2.5
0.5~0.6	10.58	40.96	−0.3~−0.2	24.2
0.6~0.7	36.24	17.91	−0.2~−0.1	45.9
0.7~0.8	42.30	5.78	−0.1~0	24.6
>0.8	8.45	1.01	>0	2.8

2008 年强低温阴雨发生前后,从海南岛橡胶种植区 ΔI_{NDVI} 值变化遥感空间分布发现:严重受灾地区为儋州、白沙大部分地区、澄迈南部、临高南部和琼中北部,以上地区 ΔI_{NDVI} 值均在 0.3 以上;中等受灾地区在以上地区外,范围扩展到海口南部、屯昌西部和琼海西部,ΔI_{NDVI} 值在 0.2~0.3;轻度受灾地区在所有橡胶种植区均有出现。

查阅历年橡胶树物候期观测结果,发现橡胶树第一蓬叶抽发时间,通常集中在 3 月下旬。因此,选取海南岛橡胶种植区 2008 年受灾后(2008 年 3 月 21 日)与无明显寒害年份同期(2007 年 3 月 21 日)进行对比(表 10.6),结果如下:2007 年第一蓬叶抽发后,海南橡胶种植区 I_{NDVI} 值绝大部分在 0.6 以上,占 92%,其中大于 0.7,占 70%,仅有极小部分地区(8.4%)低于 0.6;而 2008 年 I_{NDVI} 值大于 0.6,占 68%,其中大于 0.7,仅占 30%,有将近 1/3(31%)低于 0.6。即 2008 年橡胶树抽叶期 I_{NDVI} 值相对于正常年份,出现了不同幅度的下降:下降幅度大于 0.2,占 14.6%;下降幅度在 0.1~0.2 之间,占 29.5%;下降在 0.1 左右,占 35%;仅有 20.9% 的种植区 I_{NDVI} 上升,说明 2008 年第一蓬叶抽发、老熟时间与正常年份相比有所延迟,叶量、长势相对较弱,证明了 2008 年初海南遭遇持续强低温阴雨,导致橡胶树遭受严重寒害影响,并引发了后续次生灾害影响,影响到叶片的正常出芽、伸展和老化。

表 10.6 2008 年与 2007 年橡胶种植区 I_{NDVI} 值对比

I_{NDVI}	正常年(2007 年)占比/%	低温阴雨年(2008 年)占比/%	ΔI_{NDVI}	2008 年与 2007 年同期对比/%
≤0.5	2.1	5.8	≤−0.3	1.6
0.5~0.6	6.3	25.9	−0.3~0.2	13.0
0.6~0.7	21.4	39.2	−0.2~0.1	29.5
0.7~0.8	48.2	25.2	−0.1~0.0	35.0
>0.8	22.0	3.9	>0.0	20.9

(2)橡胶树寒害气象资料分析与寒害调查

结合前人对海南岛橡胶树寒害的有关指标研究,利用 2008 年 1—2 月极端最低温度、日平均气温≤12 ℃的积累低温、日平均气温≤15 ℃天数和日平均气温≤10 ℃天数作为指标因子,进行权重平均分析。根据以上指标,2008 年强低温阴雨天气过程中,北部海口、澄迈、临高和儋州易发生严重寒害;北部定安、屯昌和中部琼中、白沙易发生中度寒害;东部沿海文昌、琼海、万宁和西部地区易发生轻度寒害;南部地区基本无寒害。

根据《橡胶树栽培技术规程》(NY/T 221—2016)(全国热带作物及制品标准化技术委员会,2016),遭受等级三级及以上寒害,树冠受害 2/3 以上,树皮及茎基受害占全树周 1/2 以上;容易滋生病害,不容易恢复生产。在 2008 年强低温阴雨后,中国热带农业科学院橡胶研究所与海南天然性橡胶产业集团股份有限公司对垦区橡胶树进行寒害调查(覃姜薇,2009),结果显示:3 级以上橡胶树:儋州受害株数最多(这与儋州种植面积有关),澄迈、白沙、琼中、临高和屯昌次之,东北部、东部和西部地区也有一定的受害株数,南部地区受害橡胶树很少;受害最严重的为北部和中部地区、其次是东部和西部地区,南部受害较小。

(3)橡胶树寒害验证

对 2008 年强低温阴雨发生前后,海南岛橡胶种植区遥感反演 ΔI_{NDVI} 值变化空间分布情况与橡胶树寒害气象资料等级分区、2008年橡胶三级以上寒害受害株数分区进行验证(表10.7),结果显示:遥感监测到的严重寒害区主要发生在海南岛西北部儋州、临高、澄迈、白沙和琼中交界处,这些地区都是易发生严重寒害地区,同时也是橡胶树受害株数最多的地方;遥感监测到的中度寒害区除在严重寒害区周边均出现外,还增加了屯昌、琼海西部和海口地区,此地区也是易发生中度寒害地区,同时也是橡胶树受害株数较多的地方;遥感监测到的轻度寒害区五指山及其以北地区的所有植胶区均有出现,包括定安、琼海、文昌、昌江、万宁和五指山等地,均出现三级以上的橡胶树寒害受害症状;遥感监测到的无寒害区主要分布在五指山以南地区,包括乐东、保亭、三亚和陵水等地植胶区,该区最冷月平均温度通常>15 ℃,经实地调查,该区域内三级以上橡胶树寒害株数较少或者没有。

以上结果证明了遥感监测橡胶树寒害的空间分布、寒害强度和受害面积,与实际情况较为一致;遥感方法监测橡胶树寒害,更为客观、细致和精确。

表 10.7　海南岛橡胶树寒害遥感监测验证

橡胶树寒害等级	2008年强低温阴雨前后 ΔI_{NDVI}值及对应地点值	按易发生寒害等级分区	按受害株数定位寒害(三级以上寒害)
严重寒害区	$\Delta I_{NDVI} \leqslant -0.3$ 的对应地点:儋州、白沙大部分地区、澄迈南部、临高南部和琼中北部	儋州、澄迈、临高和海口	儋州
中度寒害区	ΔI_{NDVI}在$-0.3 \sim -0.2$的对应地点:在以上范围内,增加了澄海口南部、屯昌西部和琼海西部	白沙、琼中、屯昌、定安	澄迈、临高、白沙、琼中、屯昌、海口
轻度寒害区	ΔI_{NDVI}在$-0.2 \sim -0.1$的对应地点:五指山以北地区所有植胶区均有出现	东方、昌江、万宁、琼海和文昌	定安、琼海、文昌、万宁和昌江
无寒害区	$\Delta I_{NDVI} > -0.1$的对应地点:五指山以南地区	五指山以南地区	五指山以南地区

10.5.3　小结

对比2008年强低温阴雨发生前后的MODIS I_{NDVI}值变化,表明2008年海南橡胶树遭受寒害影响;对比2007年与2008年橡胶种植区同期I_{NDVI}值变化,表明2008年受寒害影响,导致橡胶林第一蓬叶抽发、老熟时间与正常年份相比有所延迟,叶量和长势不佳。

利用遥感数据开展橡胶橡胶树寒害监测,评估大范围橡胶种植区寒害的空间分布与实际调查结果情况较为一致。遥感监测橡胶树寒害严重程度和灾害面积是可行的,而且精度较高,并具有客观、省时省力和费用低等优点。

此外,遥感还可以动态监测橡胶树生长情况,不仅可以为各级党政机关、政府和橡胶主管部门进行寒害监测评估工作,及时调整橡胶储备和贸易措施,还将指导橡胶生产企业、民营胶农做好"两病"(白粉病和炭疽病)防治和预报次年橡胶开割期等工作。以减轻寒害天气对橡胶生长、生产的影响和灾后恢复生产提供参考依据。

10.6　天然橡胶干旱遥感监测

卫星遥感技术开始于 20 世纪 60 年代初,进入到 70 年代后,国外便逐渐开展利用遥感方法进行土壤湿度及干旱的监测研究。遥感监测相比于传统的干旱监测方法是"全面监测",运用遥感技术监测具有及时有效、宏观动态、经济科学等特点。遥感数据中涵盖多种波段信息,其中热红外波段、可见光波段、近红外波段均能够获得取热信息以及地表特征参数,较好地解决了传统监测方法所存在的问题,成为干旱灾害监测的重要补充以及新兴手段。20 世纪 80 年代后,利用遥感监测土壤湿度与干旱的研究得到迅速发展,其手段有卫星遥感、雷达遥感、航空遥感以及地面遥感等。按照遥感监测方法可以大体归结为四类:一是通过微波(SAR)或者热惯量来估测土壤水分,如垂直干旱指数(PDI)、表观热惯量(ATI)、微波反演土壤水分等,这些比较适用于裸露的土地;二是通过监测植被指数的偏差来表征作物形态或长势如植被指数距平(AVI)、植被条件指数(VCI)等,这些适用于植被覆盖地区;三是利用植被含水量对短波红外波段非常敏感的特征直接反演植被含水量,比如短波红外垂直失水指数(SPSI)、归一化差值水分指数(NDWI)等;四是通过监测冠层温度的变化来反演植物受干旱胁迫的程度,如条件温度植被指数(TCI)、归一化温度指数(NDTI)以及结合温度与植被指数的作物水分亏缺指数(CWSI)、水分亏缺指数(WDI)、温度植被干旱指数(TVDI)等。卫星遥感干旱指数的优点是具有非常好的空间分辨率,可以实现一段时间和一定空间上的连续性监测;缺点是建立的各种反演模型中的参数在不同季节和地区不够稳定;反演模型受到其他因素影响比较大,不能区分其他因素造成的地物特征变化;另外,由于云的遮挡、采样频率等问题导致时间分辨率精度不高。GRACE 卫星通过测量全球重力场时间变化信息,进而实现对陆地水储量变化的监测,在极大程度上弥补了传统 SAR 遥感卫星只能反演地表几个厘米厚的土壤湿度的不足。GRACE 卫星数据获得的地下水储量、蒸散量和土壤湿度等参量与实测数据有较好的一致性,很好地补充了地面观测之不足,但其缺点是目前空间分辨率仍较低。

10.6.1 数据来源

本节采用 NASA 提供的 16 d 合成的 MODIS 增强型植被指数(MOD13A2)进行相关研究,数据空间分辨率为 1 km,数据格式为 HDF,时间范围为 2001 年 1 月 1 日—2011 年 12 月 31 日,共计 251 幅。数据预处理使用 MODIS Reprojection Tool (MRT)软件进行投影变换,并以 GEOtiff 格式输出 EVI 及其质量评价信息。然后提取三个典型植被样区的平均 EVI 值。由于传感器本身及受云、大气气溶胶、地表水等因素影响,得到的锯齿状 EVI 时间序列曲线不可避免地夹杂各种噪声和干扰,本节在 EVI 数据处理过程中选取质量评价(good quality)为 0(good data, use with confidence)和 1(marginal data, useful)的数据进行分析。

10.6.2 数据处理方法

(1)数据处理流程图

天然橡胶遥感干旱监测包括三部分内容:第一部分基于中低分辨率计算归一化植被指数,第二部分是计算地表温度,第三部分是计算 TVDI 干旱指数。总体流程见图 10.12。

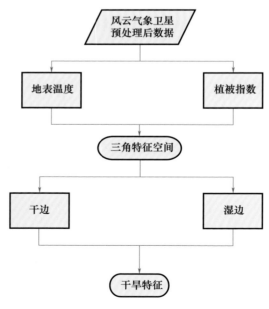

图 10.12　天然橡胶干旱监测处理流程

（2）植被指数计算与合成

对经过大气校正的 MODIS 数据，植被指数合成（合成时段为 16 d）具体步骤如下：

① 读入相关数据，包括投影后的可见光和近红外通道反射率、云检测、质量控制、太阳天顶角和方位角、卫星天顶角和方位角等，像元质量标识的依据是无云、无持续大气污染且位于星下点的像元质量好；

② 合成时段内，当质量好的像元数≥2 时，采用 CV-MVC 合成方法，即选择卫星天顶角最小的两个时次，计算植被指数，取二者的最大值；

③ 当合成周期内像元的质量标识为好的数等于 1 时，逐日计算该像元的 ND-VI，用最大值合成法确定合成后的植被指数。

④ 合成时段内质量标识为好的像元数为 0 时，用该像元的植被指数历史平均值填充。

植被指数采用归一化差值植被指数（NDVI），其计算公式如下：

$$NDVI = \frac{R_{NIR} - R_{VIS}}{R_{NIR} + R_{VIS}} \tag{10.13}$$

式中：NDVI 为归一化差值植被指数；R_{VIS} 为可见光波段反射率；R_{NIR} 为近红外波段反射率。

对于未经过大气校正的数据，宜采用最大值合成法。即在给定的观测时间间隔内（如周/旬/月），选取其中的最大值作为该像元多时次合成后的值。表达式如下：

$$NDVI_k = \max(NDVI_{k,1}, NDVI_{k,2}, \cdots, NDVI_{k,n}) \tag{10.14}$$

式中，$NDVI_k$ 为第 k 个像元合成后的归一化差值植被指数；$NDVI_{k,n}$ 为第 k 个像元第 n 个时次的归一化差值植被指数。

目前 FY-3 卫星遥感植被指数产品使用未经过大气校正的数据生成，植被指数合成宜采用最大值合成。对于 MODIS 数据，建议使用国外 16 d 或月产品植被指数产品，若对时间分辨率有特殊需求，可获取经过大气校正的可见光和近红外反射率，宜使用 EOS/MODIS 植被指数合成方法进行植被指数合成。

在最大值合成月植被指数的基础上，对于季节、年度的 NDVI，宜采用平均值合成。即在给定的观测时间间隔内（如季/年），统计各像元季节内或全年中各月像元多时次合成后的值。表达式如下：

$$NDVI_k = \frac{\sum\limits_{i=1}^{n} NDVI_{k,i}}{n} \tag{10.15}$$

式中：$NDVI_k$ 为第 k 个像元平均值合成后的归一化差分植被指数；$NDVI_{k,i}$ 为第 k 个像元第 i 个时次的归一化差值植被指数。

为改善植被指数合成数据中由于云干扰等引起的异常值，宜采用 Savitzky-Golay 滤波的数据平滑方法。对植被指数时间序列平滑处理为可选步骤。

（3）温度反演算法

结合风云卫星的空间分辨率特点和通道特点，采用基于 FY-3D 卫星 MERSI-II 的仪器热红外双通道特点的 LST 分裂窗反演算法。

在参考了已有的地表温度反演模式的基础上，结合大气辐射传输模拟，获取如下地表温度反演算法：

$$T_s = a_0 + a_1 T_i + a_2 \left(\frac{T_i + T_j}{2} \right)^2 + a_3 (T_i - T_j) + a_4 (T_i - T_j)^2 + a_5 (1 - \varepsilon) + a_6 \Delta \varepsilon$$

$$(10.16)$$

式中：T_i 和 T_j 分别为中心波长在 $10.8~\mu m$ 和 $12.0~\mu m$ 的两个热红外通道亮温；T_s 为地表温度；$\varepsilon = (\varepsilon_i + \varepsilon_j)/2$，为两个热红外通道的平均比辐射率；$\Delta \varepsilon = \varepsilon_i - \varepsilon_j$，是两个热红外通道比辐射率的差；$a_1, a_2, \cdots, a_6$ 为系数。

采用基于 NDVI 的地表比辐射率估算方法。将 NDVI 按大小分为三类，分别代表植被覆盖极低的裸土、植被覆盖极高的纯植被和一般植被三类。

当 NDVI<0.2 时，像元被认为是裸土像元，对裸土像元的地表比辐射率采用固定值，即 $10.8~\mu m$ 通道的裸土平均比辐射率为 0.9547，$12.0~\mu m$ 通道的裸土平均比辐射率为 0.9709。

当 NDVI>0.5 时，像元被认为是完全被植被覆盖，这时通常假定 MERSI-II 两个热红外通道的地表比辐射率均为一个常数值，采用典型值 0.99。

当 $0.2 \leqslant$ NDVI $\leqslant 0.5$ 时，像元是由裸土和植被所构成的混合像元，地表比辐射率根据下式来估算：

$$\varepsilon_i = \varepsilon_v P_V + \varepsilon_{s,i} (1 - P_V) + d\varepsilon_i \qquad (10.17)$$

式中，ε_v 为纯植被的比辐射率，即 $\varepsilon_v = 0.99$；$\varepsilon_{s,i}$ 为通道的裸土的平均比辐射率；$d\varepsilon_i$ 为自然表面的几何分布和内部反射效应，对纯像元该项可省略，对混合像元和粗糙表面，如森林，该项值一般也极小，最大时仅为 0.02，因此，本算法将其忽略；P_V 为植被覆盖度，可以通过下式来计算：

$$P_V = \left(\frac{\mathrm{NDVI} - \mathrm{NDVI}_{\min}}{\mathrm{NDVI}_{\max} - \mathrm{NDVI}_{\min}} \right)^2 \qquad (10.18)$$

式中，$\mathrm{NDVI}_{\max} = 0.5$，$\mathrm{NDVI}_{\min} = 0.2$。

对于未经过大气校正的数据，宜采用最大值合成法。即在给定的观测时间间隔内（如周/旬/月），选取其中的最大值作为该像元多时次合成后的值。表达式如下：

$$\mathrm{NDVI}_k = \max(\mathrm{LST}_{k,1}, \mathrm{LST}_{k,2}, \cdots, \mathrm{LST}_{k,n}) \qquad (10.19)$$

式中，LST_k 为第 k 个像元合成后的地表温度；$\mathrm{LST}_{k,n}$ 为第 k 个像元第 n 个时次的地表温度。

为改善地表温度数据中由于云干扰等引起的异常值，宜采用 Savitzky-Golay 滤波的数据平滑方法。对植被指数时间序列平滑处理为可选步骤。

（4）TVDI 指数计算

首先计算干湿边系数。具体步骤如下：

①将 NDVI 从 0.02 开始,步长设为 0.02,将 NDVI 从 0～1 之间等分为 50 份,分别为 0.02,0.04,0.06,…,0.98,1.0（可根据具体情况进行修改）。

②在 NDVI 影像中查找范围在之间的值的索引,然后根据这些索引,从 LST 影像中获取对应索引位置的 LST 数据,根据这些获取的 LST 的数据,求出这些 LST 数据中的最大最小值（可按 5% 求平均以提高精度）,这样在其中就能找到一个最大 LST 和最小 LST。

③接着循环做第 2 步,这里只需循环 50 次,这是因为已把 NDVI 等分为 100 份。这样就能得到 NDVI－LST 对应的干湿边的散点图。

④经过以上 3 步,得到可用于拟合干湿边的数据。为了得到更加精确的干湿边直线方程,需要对 NDVI 和 LST 数据进行一个有效值范围的筛选,剔除那些不合适的值,已使拟合结果更加精确。在这里,给定 NDVI 的有效值范围为 0.2～0.8,LST 的有效值范围为 230～330 K,至于这些有效值的范围可以对影像做一个直方图统计获得,也可以根据经验给定相应的有效值范围。

⑤先找出符合 NDVI 有效值范围条件的数据,找出符合 LST 有效值范围条件的 LSTmin 索引和 LSTmax 索引,分别存储在两个数组中。

⑥将以上得到的干湿边的最终拟合数据带入之前最小二乘拟合直线的函数中,即可求出干湿边直线方程的系数。

TVDI 指数具体步骤为引入提出的一个特征空间法归一化系数,将该归一化系数设为变量,代入温度植被干旱指数的计算表达式中计算求值,计算表达式如下：

$$\mathrm{TVDI} = \frac{Ts - Ts_{\min}}{Ts_{\max} - Ts_{\min}} = \frac{Ts - Ts_{\min}}{a + b\mathrm{NDVI} - Ts_{\min}} \tag{10.20}$$

式中,Ts 为空间中像元点的地表温度和植被指数大小,a 和 b 为干边线性拟合系数,$Ts_{\min}$ 为湿边的温度大小。

10.6.3　结果与分析

根据海南岛 19 个国家气象观测站的资料统计,2021 年 5 月海南岛出现了一次大范围、持续时间长的干旱天气过程。根据气象干旱监测结果:5 月 24 日乐东为重旱,文昌、昌江、东方和三亚为中旱。从 TDVI 指数干旱分布图(图 10.13)来看,海南岛南部地区橡胶林旱情较重,在西部部分地区也有局部旱情较重。而东部和中部旱情较轻,与灾情调查情况相符。

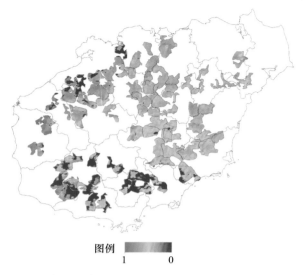

图例 ▬▬▬▬▬▬▬
　　　1　　　　　0

图 10.13　2021 年 5 月海南岛基于 TDVI 干旱指数的橡胶干旱分布情况

10.6.4　小结

TVDI 指数与干旱发生的实际情况较为一致,更适用于监测海南岛橡胶旱情,该监测方法对与海南岛橡胶种植区相似自然地理条件的地区也具有一定的适用性,但受限于 MODIS 数据产品,仍存在不足之处:①MODIS 影像中存在的一些噪声会影响植被指数—地表温度特征空间中干湿边的拟合精度。②计算 TVDI 指数时未能够综合考虑海南橡胶种植区的复杂地形,地表覆盖情况,土壤类型等因素,而这些因子都会影响 TVDI 的结果。

10.7　基于遥感的橡胶产量预报技术

10.7.1　数据来源

根据文献(农牧渔业部热带作物区划办公室,1989)结果,我国橡胶产区主要分布在海南、云南、广东、广西、福建,由于福建和广西橡胶产量的总量仅占全国总产的0.06%左右,因此,仅考虑海南、云南、广东橡胶种植区域。气象数据主要选取橡胶种植区域内的气象站点,共计58个站,其中海南岛橡胶种植区18个、云南27个、广东13个,各站2000—2018年温度、降水要素气候数据来源于国家气象信息中心(http://data.cma.cn/);2000—2015年MODIS NPP数据来源于 http://www.ntsg.umt.edu/project/mod17♯data—product。

10.7.2　数据处理方法

(1)植被指数

归一化差值植被指数(NDVI)是选用对绿色植物强吸收的红色可见光通道和对绿色植物高反射和高透射的近红外通道的组合来设计的。对植被生长状况、生产率及其他生物物理、生物化学特征敏感,其数值大小能指示植被覆盖变化,并能消除大部分与仪器定标、太阳高度角、地形、云阴影和大气条件有关辐照度的变化,增强对植被的响应能力,因此,可以利用橡胶植被指数的变化来分析橡胶长势。归一化差值植被指数的计算公式如下:

$$NDVI = \frac{R_{nir} - R_{red}}{R_{nir} + R_{red}} \tag{10.21}$$

式中,NDVI表示归一化差值植被指数,R_{nir}表示近红外波段反照率,R_{red}表示可见光波段(红光)反照率。

叶面积指数(leaf area index,LAI)是指单位土地面积上植物叶片总面积占土地面积的倍数。即:叶面积指数=叶片总面积/土地面积。叶面积指数作为植被冠层的重要结构参数之一,是许多生态系统生产力模型和全球气候、水文、生物地球化学和生态学模型的关键输入参数。叶面积指数的计算方法有:直接方法(叶面积的测定、描形称重法、仪器测定法);间接方法(点接触法、消光系数法、经验公式法、遥感方法)。本节通过LAI和NDVI统计关系,计算得到如下回归方程,进行天然橡胶叶面积指数的反演。

$$LAI = 7.82\,NDVI + 0.781 \tag{10.22}$$

(2)净初级生产力估算方法

在CASA模型中植被净初级生产力(NPP)主要由植被所吸收的光合有效辐射(APAR)与光能利用率(ε)两个变量来确定。橡胶林NPP估算公式可表示为:

$$NPP(x,t) = APAR(x,t) \times \varepsilon(x,t) \tag{10.23}$$

式中,$NPP(x,t)$为像元x在t时间的天然橡胶林净初级生产力,$APAR(x,t)$为像元x在t时间吸收的光合有效辐射,$\varepsilon(x,t)$为像元x在t时间的实际光能利用率。

橡胶林吸收的光合有效辐射APAR取决于太阳总辐射和橡胶林对光合有效辐射的吸收比例,可表示为:

$$APAR(x,t) = SOL(x,t) \times 0.5 \times FPAR(x,t) \tag{10.24}$$

式中:$SOL(x,t)$为像元 x 在 t 时间的太阳总辐射量;$FPAR(x,t)$为植被层对入射光合有效辐射的吸收比例,取决于植被类型和植被覆盖状况;常数 0.5 表示植被所能利用的光合有效辐射(波长范围 $0.4\sim0.7\ \mu m$)占太阳总辐射的比例。

在一定条件下,FPAR 与 NDVI 之间存在着一定的线性关系,该种关系可根据某植被类型 NDVI 的最大值和最小值分别所对应的 FPAR 最大值和最小值来确定,即:

$$FPAR(x,t)=\frac{(NDVI(x,t)-NDVI_{i,min})\times(FPAR_{max}-FPAR_{min})}{(NDVI_{i,max}-NDVI_{i,min})}+FPAR_{min}$$

$$(10.25)$$

式中:$NDVI_{i,max}$ 和 $NDVI_{i,min}$ 分别对应第 i 种植被类型的 NDVI 最大值和最小值;$FPAR_{max}$ 和 $FPAR_{min}$ 的取值与植被类型无关,分别为 0.95 和 0.001。进一步的研究表明,FPAR 与比值植被指数(Simple Ratio,简称 SR)也存在较好的线性关系,可表示为:

$$FPAR(x,t)=\frac{(SR(x,t)-SR_{i,min})\times(FPAR_{max}-FPAR_{min})}{(SR_{i,max}-SR_{i,min})}+FPAR_{min}$$

$$(10.26)$$

式中,$SR_{i,max}$ 和 $SR_{i,min}$ 分别对应第 i 种植被类型的 NDVI 的 95% 和 5% 下侧百分位数。$SR(x,t)$ 可由下式计算得到:

$$SR(x,t)=\frac{1+NDVI(x,t)}{1-NDVI(x,t)}\qquad(10.27)$$

分别利用 FPAR 与 NDVI、SR 的关系,将二者估算结果比较发现,用 NDVI 估算的 FPAR 比实测值高,用 SR 估算的 FPAR 比实测值低,但误差小于用 NDVI 估算的结果。将这两种方法结合起来,取其平均值作为 FPAR 估算值,以使 FPAR 与实测值之间误差达到最小。将式(10.25)和式(10.26)结合起来估算 FPAR:

$$FPAR(x,t)=\alpha\times FPAR_{NDVI}+(1-\alpha)\times FPAR_{SR}\qquad(10.28)$$

式中:$FPAR_{NDVI}$ 为 FPAR 与 NDVI 的线性关系计算得到的结果;$FPAR_{SR}$ 为 SR 与 NDVI 的线性关系计算得到的结果,α 为调整系数,取值 0.5。

光能利用率是估算 NPP 模型中的重要参数,指植被层吸收入射光合有效辐射并将其转化为有机碳的效率,主要受气温、土壤水分情况和理想条件下植被的最大光能转化率等的影响,其计算公式如下:

$$\varepsilon(x,t)=T_{\varepsilon 1}(x,t)\times T_{\varepsilon 2}(x,t)\times W_{\varepsilon}(x,t)\times\varepsilon^{*}\qquad(10.29)$$

式中:$\varepsilon(x,t)$ 为光能利用率;$T_{\varepsilon 1}(x,t)$ 和 $T_{\varepsilon 2}(x,t)$ 为温度胁迫系数;$W_{\varepsilon}(x,t)$ 为水分胁迫系数,反映水分条件的影响;ε 为理想条件下植被最大光能利用率。最大光能利用率的取值因不同的植被类型而有所不同,CASA 模型中采用的最大光能利用率为 0.389 gC/MJ 并不适用于天然橡胶林,采用朱文泉等(2004)对落叶阔叶林的模拟结果,取 0.692 gC/MJ 作为天然橡胶林的最大光能利用率。

$T_{e1}(x,t)$反映了低温或高温条件下植物内在的生化作用对光合作用的限制：

当月平均温度 $T(x,t)\leqslant-10℃$ 时，认为光合生产为零，$T_{e1}(x,t)=0$。

当月平均温度 $T(x,t)>-10℃$ 时，$T_{e1}(x,t)=0.8+0.02\times T_{opt}(x)-0.0005\times[T_{opt}(x)]^2$。$T_{opt}(x,t)$表示一年内 NDVI 值达到最大值时所对应月份的平均气温。

$T_{e2}(x,t)$表示气温从最适宜温度 $T_{opt}(x,t)$ 向高温和低温变化时植物对光能利用率的影响，在这种条件下，光能利用率逐渐降低：

$$T_{e2}(x,t)=1.1814/\{1+e^{0.2\times[T_{opt}(x)-10-T(x,t)]}\}\times1/\{1+e^{0.3\times[-T_{opt}(x)-10+T(x,t)]}\}$$

(10.30)

当某月均温 $T(x,t)$ 比最适宜温度 $T_{opt}(x,t)$ 高 10℃ 或低 13℃ 时，该月的 $T_{e2}(x,t)$ 值等于月平均气温为最适宜温度 $T_{opt}(x,t)$ 时的 $T_{e2}(x,t)$ 值的一半。

水分胁迫因子 $W_e(x,t)$ 反映了植物所能利用的有效水分条件对光能利用率的影响，随着环境中有效水分的增加而逐渐增大，取值范围为 0.5（极端干旱）～1（非常湿润），计算公式为：

$$W_e(x,t)=0.5+0.5\times E(x,t)/E_p(x,t)$$ (10.31)

式中，$E(x,t)$ 为实际蒸散量，$E_p(x,t)$ 为潜在蒸散量。

（3）天然橡胶林产胶潜力计算方法

根据天然橡胶林的产胶生理过程，橡胶的生物合成依赖于糖的供应，而糖是光合作用的产物，因此，橡胶树的产胶能力与橡胶树的光合作用、呼吸作用及干物质转化成橡胶的比率密切相关。干物质生产量也叫净生产量，也就是天然橡胶林的净初级生产力，是指橡胶树光合产量扣除呼吸消耗后的剩余产量，也就是积累下来的有机物质数量，包括根、茎、叶、花、果及脱落的枝叶和取走的胶乳等。干物质分配率又叫相对生产力，即干物质产量中分配于生产人们所需要的物质的器官部分的比率。对许多作物来说是干物质用于生产种子及果实等部分的比率，对橡胶树来说就是用于生产干胶的比率。橡胶树的分配率计算公式如下：

$$分配率=\frac{年干胶产量\times2.5}{地上部分年干重增长量+年干胶产量\times2.5}\times100\%$$ (10.32)

由于燃烧 1 kg 橡胶所产生的热量相当于燃烧 2.25～2.50 kg 木柴的热量，因此，2.5 是一个转换热量的系数。橡胶树的干物质分配率随不同品系而有很大差别，根据马来西亚及我国华南热带作物科学研究院的测定成果取品系 RRIM600 和 PR107 的分配率分别为 28.5% 和 21.0%。

由式(10.32)得到天然橡胶林产胶潜力估算模型：

$$Y_p=\frac{NPP\times H_i}{2.5}$$ (10.33)

式中：Y_p 为橡胶林单位面积的产胶潜力（g/m²）；H_i 为橡胶树的干物质分配率，未开割

橡胶林的 H_i 按 0 计算。

10.7.3　结果与分析

　　通过建立的橡胶树产胶能力模型计算 2016—2018 年全国橡胶种植区橡胶树的产胶能力。结果表明,2016—2018 年,云南、海南岛和广东橡胶树年产胶能力分别为在 $16.3\sim172.4$ g/m² 、$15.7\sim168.2$ g/m² 和 $15.8\sim164.0$ g/m² ;年平均值分别为 105.4 g/m² 、106.7 g/m² 和 108.4 g/m² 。模型计算结果与统计部门公布的中国天然橡胶产量平均约 1200 kg/hm² 的结果较为接近(张希财 等,2018)。全国主要橡胶种植区的产胶能力存在明显差异,云南橡胶树的产胶能力整体高于海南,海南高于广东。根据产胶能力值判断,云南是单产最高的优质天然橡胶生产基地,海南岛次之,广东最低,与实际情况一致。2016—2018 年橡胶树年产胶能力的分布,体现了不同气候条件下,不同区域橡胶树产胶能力会随着气候条件的变化而发生变化,如 2016 年云南橡胶树年产胶能力低于 2017 年、2018 年,说明建立的模型能从气候角度客观、准确地反映了橡胶树产量的波动情况,可纠正因橡胶价格低迷、割胶积极性不高等人为因素而导致的橡胶产量统计的偏差。

　　从 2016—2018 年橡胶单产预报结果来看(图 10.14),经过订正该方法能够较好地反映出橡胶产量,平均误差小于 2%。

图 10.14　全国天然橡胶平均产量预报效果

10.7.4　小结

　　基于遥感的橡胶产量预报技术是利用遥感反演的叶面积指数结合气候因子(温

度、降水等)来估算净初级生产力,在净初级生产力基础上推算橡胶产胶能力。综合来看,利用遥感模型反演的橡胶树净初级生产力真实反映了橡胶种植区净初级生产力的实际情况,可以用于估测现实的橡胶树净初级生产力。本研究建立的基于遥感的橡胶产量预报技术,实现了利用气候数据准确计算橡胶种植区产胶量,为准确及时了解全国橡胶树生产状况提供了决策依据,也可为评估未来气候变化对橡胶树产胶能力影响提供技术保障。

橡胶树产胶能力的高低受多种因素的影响,既有气候原因,也有橡胶树品种、树龄、管理等方面的原因。不同区域橡胶树种植状况发生变化后,需要不断地更新橡胶种植区信息和生产力转换系数,才能确保模型的准确性。

参考文献

《第二次气候变化国家评估报告》编写委员会,2011. 第二次气候变化国家评估报告[M]. 北京:科学出版社:257.

《中国保险年鉴》编委会, 2019. 中国保险年鉴[M]. 北京:中国保险年鉴编辑部.

财政部,农业农村部,银保监会,林草局,2010. 关于加快农业保险高质量发展的指导意见[EB/OL]. http://www.gov.cn/xinwen/2019-10/12/content_5438771.htm,2020-6-25.

蔡大鑫,王春乙,张京红,等,2013. 基于产量的海南省香蕉寒害风险分析与区划[J]. 生态学杂志,32(7):1896-1902.

蔡志英,黄贵修,2011. 巴西橡胶树炭疽病研究进展[J]. 西南林业大学学报,31(1):89-93.

蔡志英,李国华,2017. 橡胶树常见病害诊断及其防治[J]. 北京:中国农业科技出版社:31-33.

曹云锋,王正兴,邓芳萍,等,2010.3 种滤波算法对 NDVI 高质量数据保真性研究[J]. 遥感技术与应用,25(1):123-124.

陈瑶,谭志坚,樊佳庆,等,2013. 橡胶树寒害气象等级研究[J]. 热带农业科技,36(2):7-11.

陈帮乾,李香萍,肖向明,等,2015. 基于 PALSAR 雷达数据与多时相 TM/ETM+影像的海南岛土地利用分类研究[J]. 热带作物学报,36(12):2230-2237.

陈汇林,陈小敏,陈珍丽,等,2010. 基于 MODIS 遥感数据提取海南橡胶信息初步研究[J]. 热带作物学报,31(7):1181-1185.

陈家金,王加义,黄川容,等,2015. 台湾番石榴在福建引种的寒冻害风险分析与区划[J]. 生态学杂志,34(4):967-973.

陈见,孙红梅,高安宁,等,2014,超强台风"威马逊"与"达维"进入北部湾强度变化的对比分析[J]. 暴雨灾害,33(4):392-400.

陈凯奇,米娜,2016. 辽宁省玉米低温冷害和霜冻灾害风险评估[J]. 气象与环境学报,32(1):89-94.

陈小敏,陈汇林,陶忠良,2013.2008 年初海南橡胶寒害遥感监测初探[J]. 自然灾害学报,22(1):24-28.

陈小敏,陈汇林,邹海平,2014.1961—2010 年海南岛日照时数时空变化特征分析[J]. 自然灾害学报,23(1):161-166.

陈小敏,陈汇林,李伟光,等,2016. 海南岛天然橡胶林春季物候期的遥感监测[J]. 中国农业气象,37(1):111-116.

陈效逑,谭仲军,徐成新,2000. 利用植物物候和遥感资料确定中国北方的生长季节[J]. 地学前沿(7):196.

陈效逑,王林海,2009. 遥感物候学研究进展[J]. 地理科学进展,28(1):33-40.

陈瑶,谭志坚,潘佳庆,等,2013. 橡胶树寒害气象等级研究[J]. 热带农业科技,36(2):7-11.

成林,刘荣花,2012. 河南省夏玉米花期连阴雨灾害风险区划[J]. 生态学杂志,31(12):3075-3079.

代淑玮,杨晓光,赵孟,等,2011. 气候变化背景下中国农业气候资源变化Ⅱ:西南地区农业气候资源时空变化特征[J]. 应用生态学报,22(2):442-452.

《第二次气候变化国家评估报告》编写委员会,2011. 第二次气候变化国家评估报告[M]. 北京:科学出版社.

丁美花,钟仕全,谭宗琨,等,2007. MODIS 与 ETM 数据在甘蔗长势遥感监测中的应用[J]. 中国农业气象,28(2):195-197.

丁美花,谭宗琨,李辉,等,2012. 基于 HJ-1 卫星数据的甘蔗种植面积调查方法探讨[J]. 中国农业气象,33(2):265-270.

丁少群,罗婷,2017. 我国天气指数保险试点情况评析[J]. 上海保险(5):56-61.

杜尧东,毛慧勤,刘锦銮,2003,华南地区寒害概率分布模型研究[J]. 自然灾害学报,12(2):103-107.

范会雄,李德威,黄宏积,等,1996. 橡胶树炭疽病发生流行规律及防治研究[J]. 植物保护,22(5):31-32.

范会雄,谭象生,1997. 橡胶树白粉病流行规律与防治技术[J]. 植物保护,23(3):28-30.

方天雄,1985. 影响河口橡胶产量的气候因子分析[J]. 云南热作科技(2):13-15.

冯淑芬,刘秀娟,郑服丛,等,1998. 橡胶树炭疽菌生物学和侵染特征研究[J]. 热带作物学报,19(2):7-14.

高素华,1989. 灰色归类在海南岛橡胶寒害区划中的应用[J]. 应用气象学报,4(1):108-112.

高素华,黄增明,张统钦,等,1988. 海南岛气候[M]. 北京:气象出版社:125.

高晓容,王春乙,张继权,等,2014,东北地区玉米主要气象灾害风险评价模型研究[J]. 中国农业科学,47(21):4257-4268.

高新生,李维国,黄华孙,等,2009. 橡胶树胶木兼优无性系寒害适应性调研初报 [J]. 热带作物学报,30(1):5-10.

龚晓宽,王永成,2006. 财政扶贫资金漏出的治理策略研究[J]. 经济理论与经济管理(6):43-47.

郭玉清,张汝,1980. 气象条件与橡胶树产胶量的关系[J]. 云南热作科技(1):8-11.

海南省统计局,国家统计局海南调查总队,2017. 海南统计年鉴 2017[M]. 北京:中国统计出版社:279.

韩冰冰,陈圣波,2020. 基于 GEE 时间序列遥感影像分类方法研究 [J]. 世界地质,39(3):706-713.

韩语轩,房世波,梁瀚月,等,2017. 基于减产概率的辽宁水稻灾害风险区划[J]. 生态学报,37(23):8077-8088.

何康,黄宗道,1987. 热带北缘橡胶树栽培[M]. 广州:广东科技出版社:8-18.

何燕,李政,谭宗琨,等,2009. 广西香蕉寒害区划中的 GIS 应用[C]// 第 26 届中国气象学会年会农业气象防灾减灾与粮食安全分会场论文集. 南宁:广西区气象减灾研究所.

贺春萍,吴海理,李锐,等,2010. 橡胶树白根病菌生物学研究[J]. 热带作物学报,31(11):1981-1985.

贺军军,程儒雄,李维国,等,2009. 广东贡献垦区天然橡胶种植概况[J]. 广东农业科学(8):62-65.

侯英雨,张艳红,王良宇,等,2013. 东北地区春玉米气候适宜度模型[J]. 应用生态学报,24(11):3207-3212.

胡琦,潘学标,邵长秀,等,2014.1961-2010 年中国农业热量资源分布和变化特征[J]. 中国农业气象,35(2):119-127.

华南热带作物学院,1991. 橡胶栽培学(第二版)[M].北京:农业出版社.

黄贵修,许灿光,2012. 中国天然橡胶病虫草害[M]. 北京:中国农业出版社:1-8.

黄华孙,2005. 中国橡胶树育种五十年[M]. 北京:中国农业出版社:145-148.

黄璜,1996. 中国红黄壤地区作物生产的气候生态适应性研究[J]. 自然资源学报,11(4):340-345.

黄青,王利民,腾飞,2011. 利用 MODIS-NDVI 数据提取新疆棉花播种面积信息及长势监测方法研究[J]. 干旱地区农业研究,29(2):213-217.

霍治国,王石立,2009. 农业和生物气象灾害[M]. 北京:气象出版社:6.

吉志红,陈敏,张心令,2015. 基于 GIS 的三门峡市苹果种植气候适宜性区划[J]. 气象与环境科学,38(1):61-66.

江爱良,1983. 橡胶树北移的几个农业气象学问题[J]. 农业气象,5(1):9-21.

蒋龙燕,2015. 气候变化与海南橡胶树白粉病流行关系的分析[D]. 海口:海南大学.

矫梅燕,2014. 气候变化对中国农业影响评估报告(No.1)[M]. 北京:社会科学文献出版社:2-3,19-21.

金志凤,胡波,严甲真,等,2014a. 浙江省茶叶农业气象灾害风险评价[J]. 生态学杂志,33(3):771-777.

金志凤,叶建刚,杨再强,等,2014b. 浙江省茶叶生长的气候适宜性[J]. 应用生态学报,25(4):967-973.

阚丽艳,谢贵水,崔志富,等,2008. 海南省部分农场橡胶树寒害情况浅析[J]. 中国热带农业(6):29-31.

阚丽艳,谢贵水,陶忠良,等,2009. 海南省 2007/2008 年冬橡胶树寒害情况浅析[J]. 中国农学通报,25 (10):251-257.

孔坚文,2014. 陕西省冬小麦气象灾害风险评估及区划[D]. 南京:南京信息工程大学.

匡昭敏,李强,尧永梅,等,2009. EOS/MODIS 数据在甘蔗寒害监测评估中的应用[J]. 应用气象学报,20(3):360-364.

李国尧,王权宝,李玉英,等,2014. 橡胶树产胶量影响因素[J]. 生态学杂志,33(2):510-517.

李海亮,戴声佩,陈帮乾,2016. 基于 HJ-1A/1B 数据的天然橡胶干旱监测[J]. 农业工程学报,32(23):176-182.

李俊,2012. 基于熵权法的粮食产量影响因素权重确定[J]. 安徽农业科学,40(11):6851-6852.

李军玲,张弘,曹淑超,2015. 基于 GIS 的河南省冬小麦晚霜冻风险评估与区划[J]. 干旱气象,33(1):45-51.

李娜,霍治国,贺楠,等,2010,华南地区香蕉、荔枝寒害的气候风险区划[J]. 应用生态学报,21(5):1244-1251.

李荣平,周广胜,张慧玲,2006. 植物物候研究进展[J]. 应用生态学报,17(3):541-544.

李伟光,田光辉,邹海平,等,2014. 海南岛典型植被区 EVI 特征及其对气象因子的响应［J］. 中国农学通报,30（35）:190-4.

李心怡,方伟华,林伟,2014. 西北太平洋热带气旋路径及强度插值方法比较研究［J］. 北京师范大学学报（自然科学版）(2):111-116.

李秀芬,马树庆,赵慧颖,等,2016. 基于 WOFOST 模型的内蒙古河套灌区玉米低温冷害评价［J］. 中国农业气象,37(3):352-360.

李阳阳,张军,刘陈立,等,2017. 老挝北部 5 省橡胶林提取及时空扩张研究［J］. 林业科学研究,30（5）:709-717.

李宇宸,张军,薛宇飞,等,2020. 基于 Google Earth Engine 的中老缅交界区橡胶林分布遥感提取［J］. 农业工程学报,36（8）:174-181.

梁羽萍,何其光,刘文波,等,2016. 橡胶树白粉菌 Oidium heveae 侵染寄主拟南芥的筛选［J］. 植物保护学报.43(4):567-572.

廖谌婳,李鹏,封志明,等,2014. 西双版纳橡胶林面积遥感监测和时空变化［J］. 农业工程学报,30（22）:170-180.

廖玉芳,彭家栋,崔巍,2012. 湖南农业气候资源对全球气候变化的响应分析［J］. 中国农学通报,28(8):287-293.

刘海启,金敏毓,龚维鹏,1999. 美国农业遥感技术应用状况概述［J］. 中国农业资源与区划,20（2）:56-60.

刘金河,1982. 巴西橡胶树的水分状况与生长和产胶量的关系［J］. 生态学报,2(3):217-224.

刘锦銮,杜尧东,毛慧琴,2003. 华南地区荔枝寒害风险分析与区划［J］. 自然灾害学报,12(3):126-130.

刘静,2010. 橡胶树白粉病的研究进展［J］. 热带农业科技,33(3):1-5.

刘培君,1984. 利用地物光谱数据进行目视解译单波段卫片的方法［J］. 干旱区研究(2):32-34.

刘少军,张京红,何政伟,等,2010. 基于面向对象的橡胶分布面积估算研究［J］. 广东农业科学,37（1）:168-170.

刘少军,张京红,蔡大鑫,等,2013. 海南岛天然橡胶风害评估系统研究［J］. 热带农业科学,33(3):63-66.

刘少军,张京红,蔡大鑫,等,2014. 台风对天然橡胶影响评估模型研究［J］. 自然灾害学报,23(1):155-160.

刘少军,张京红,蔡大鑫,等,2015. 海南岛天然橡胶主要气象灾害风险区划［J］. 自然灾害学报,24（3）:177-183.

刘少军,张京红,蔡大鑫,等,2016a. Landsat 8 在橡胶林台风灾害监测中的应用［J］. 自然灾害学报,25(2):53-58.

刘少军,张京红,蔡大鑫,等,2016b. 橡胶气象灾害与气候适宜性评价［M］. 北京:海洋出版社:6,31.

刘少军,胡德强,张京红,等,2017. 海南岛橡胶风害的重现期预测［J］. 广东农业科学,44(1):172-175.

刘晓娜,封志明,姜鲁光,2013. 基于决策树分类的橡胶林地遥感识别［J］. 农业工程学报,29(24):163-172.

刘新立,2017. 海南风灾指数保险:设计理念与试点经验［N］.中国保险报,2017-07-04.

刘新立,叶涛,方伟华,2017. 海南省橡胶树风灾指数保险指数指标设计研究[J].保险研究（6）:
    93-102.

刘琰琰,李海燕,陈超,等,2015. 攀西地区烤烟气候适宜性评价指标建立及应用[J].四川农业大
    学学报,33(20):299-305.

卢文标,1990.1989 年广东粤西橡胶炭疽病流行及其防治的几个问题[J].热带作物科技（2）:
    15-19.

马玉坤,张培群,王式功,等,2015. 华南前汛期夏季风降水开始日期的确定[J].干旱气象,33(2):
    332-339.

孟丹,2013. 基于 GIS 技术的滇南橡胶寒害风险评估与区划[D].南京:南京信息工程大学.

蒙平,2012. 海南橡胶树主要病虫害及防控技术初探[J].农业灾害研究,2(3):20-22.

莫业勇,杨琳,2020.2019 年国内外天然橡胶产销形势[J].中国热带农业（2）:8-12.

莫志鸿,霍治国,叶彩华,等,2013. 北京地区冬小麦越冬冻害的时空分布与气候风险区划[J].生
    态学杂志,32(12):3197-3206.

牛浩,陈盛伟,2015. 中国农业天气指数保险产品的发展现状、面临难题及解决建议[J].中国科技
    论坛（7）:130-135.

潘衍庆,1998. 中国热带作物栽培学［M］.北京:中国农业出版社:6-23.

邱美娟,郭巧,郭春明,等,2018,吉林省春玉米农业气候资源适宜度时空分布特征[J].气象与环境
    学报,34(2):82-91.

邱志荣,刘霞,王光琼,等,2013. 海南岛天然橡胶寒害空间分布特征研究[J].热带农业科学,33
    (11):67-69

曲思邈,王冬妮,郭春明,等,2018. 玉米干旱天气指数保险产品设计—以吉林省为例[J].气象与
    环境学报,34(2):92-99.

全国农业气象标准化技术委员会,2016. 主要粮食作物产量年景等级:QX/T 335—2016［S］.北
    京:气象出版社.

全国气象防灾减灾标准化技委员会,2012. 橡胶寒害等级:QX/T 169—2012［S］.北京:气象出版社.

全国热带作物及制品标准化技术委员会,2016. 橡胶树栽培技术规程:NY/T 221—2016［S］.北
    京:中国农业出版社.

时涛,刘先宝,李博勋,等,2019. 橡胶树南美叶疫病入侵中国的风险分析[J].中国植保导刊,39
    (9):81-84.

石先武,方伟华,2015.1949—2010 年西北太平洋热带气旋时空分布特征分析[J].北京师范大学
    学报(自然科学版),51(3):287-292.

宋艳红,史正涛,王连晓,等,2019. 云南橡胶树种植的历史、现状、生态问题及其应对措施[J].江
    苏农业科学,47(8):171-175.

宋迎波,王建林,李昊宇,等,2013. 冬小麦气候适宜诊断指标确定方法探讨[J].气象,39(6):
    768-773.

孙文菁,2016. 海南橡胶树风灾指数保险发展研究[J].海南金融(4):50-54.

覃姜薇,余伟,蒋菊生,等,2009.2008 年海南橡胶特大寒害类型区划及灾后重建对策研究[J].热

带农业工程,33(1):25-28

谭方颖,宋迎波,毛留喜,等,2016. 东北地区玉米气候适宜评价指标的确定与验证[J]. 干旱地区农业研究,34(5):234-239.

谭宗琨,吴良林,丁美花,等,2007. EOS/MODIS 数据在广西甘蔗种植信息提取及面积估算的应用[J]. 气象,33(11):76-81.

谭宗琨,丁美花,杨鑫,等,2010. 利用 MODIS 监测 2008 年初广西甘蔗的寒害冻害[J]. 气象,36(4):116-119.

汤明宝,1990. 应用地物光谱反射率确定 TM 图像解译标志的分析[J]. 遥感信息(4):19-22.

陶生才,许吟隆,刘珂,等,2011. 农业对气候变化的脆弱性[J]. 气候变化研究进展,7(2):143-148.

田光辉,李海亮,陈汇林,2013. 基于物候特征参数的橡胶树种植信息遥感提取研究[J]. 中国农学通报,29(28):46-52.

王步天,2014. 橡胶树风灾保险需求及影响因素研究[D]. 海口:海南大学.

王春玲,郭文利,李迅,等,2018,京津冀地区高速公路冰冻灾害风险区划[J]. 气象与环境学报,34(1):45-51.

王春乙,吴慧,邢旭煌,等,2014. 海南气候[M]. 北京:气象出版社.

王春乙,蔡菁菁,张继权,2015. 基于自然灾害风险理论的东北地区玉米干旱、冷害风险评价[J]. 农业工程学报,31(6):238-245.

王春乙,姚蓬娟,张继权,等,2016a,长江中下游地区双季早稻冷害、热害综合风险评价[J]. 中国农业科学,49(13):2469-2483.

王春乙,张继权,张京红,等,2016b. 综合农业气象灾害风险评估与区划研究[M]. 北京:气象出版社.

王春乙,张玉静,张继权,2016c,华北地区冬小麦主要气象灾害风险评价[J]. 农业工程学报,32(S1):203-213.

王大鹏,王秀全,成镜,等,2013. 海南植胶区天然橡胶产量提升的问题及对策[J]. 热带农业科学,33(6):66-70.

王利溥,1989. 橡胶树气象[M]. 北京:气象出版社:62-77.

王利溥,1996. 云南垦区橡胶树大面积高产的气候学基础[J]. 云南热带科技,19(2):25-32.

王绍春,冯淑芬,2001. 粤西地区橡胶树炭疽病流行因素分析[J]. 热带作物学报,22(1):15-22.

王胜,田红,党修伍,等,2017. 安徽淮北平原冬小麦气候适宜度分析及作物年景评估[J]. 气候变化研究进展,13(3):253-261

王雪娥,1989. 欧氏距离系数在农业气候相似性研究中的应用[J]. 南京气象学院学报(2):187-198.

王正兴,刘闯,陈文波,等,2006. MODIS 增强型植被指数 EVI 与 NDVI 初步比较[J]. 武汉大学学报(信息科学版),31(5):407-411.

位明明,李维国,黄华孙,等,2006. 中国天然橡胶主产区橡胶树品种区域配置建议[J]. 热带作物学报,37(8):1634-1643.

魏铭丽,崔昌华,郑肖兰,等,2008. 橡胶树白根病研究概述[J]. 广西热带农业(4):17-19.

魏瑞江,李春强,姚树然,2006. 农作物气候适宜度实时判定系统[J]. 气象科技,34(2):229-232.

魏淑秋,1985. 农业气象统计[M]. 福州:福建科学技术出版社:239-243.

温福光,陈敬泽,1982. 对橡胶寒害指标的分析[J]. 气象,9(8):33-34.

温刚,1998. 利用 AVHRR 植被指数数据集分析中国东部季风区的物候季节特征[J]. 遥感学报,2
  (3):270-275.

文衍堂,贺春萍,李建辉,等,2014. 海南儋州橡胶白粉病发生流行与防控简讯[J]. 热带农业科学,
  34(1):71-75.

巫丽芸,何东进,洪伟,等,2014. 自然灾害风险评估与灾害易损性研究进展[J]. 灾害学,29(4):
  129-135.

吴炳方,2000. 全国农情监测与估产的运行化遥感方法[J]. 地理学报,55(1):25-35.

吴慧,林熙,吴胜安,等,2010. 1949—2005 年海南登陆热带气旋的若干气候变化特征[J]. 气象研
  究与应用,31(3):9-15.

吴俊,2011. 云南橡胶树气候生态适应性分析[J]. 现代农业科技(19):308-309,320.

吴胜安,李伟光,2013. 海南主要城市热岛效应对气候变化的贡献[J]. 海南气象,5(2):5-8.

吴岩峻,2008. 不同天气系统对海南岛降水的贡献及其变化的研究[D]. 兰州:兰州大学.

谢贵水,陈帮乾,王纪坤,等,2010. 橡胶树光合与干物质积累模拟模型研究[J]. 中国农学通报,26
  (6):317-323.

徐华军,杨晓光,王文峰,等,2011. 气候变化背景下中国农业气候资源变化Ⅶ:青藏高原干旱半干
  旱区农业气候资源变化特征[J]. 应用生态学报,22(7):1817-1824.

徐其兴,1988. 温度、热量与橡胶产量的关系及橡胶树北移的温度指标分析[J]. 广西热作科技
  (1):9-16.

薛昌颖,霍治国,李世奎,等,2003. 华北北部冬小麦干旱和产量灾损的风险评估[J]. 自然灾害学
  报,12(1):131-139.

薛杨,杨众养,陈毅青,等,2014. 台风"威马逊"干扰对森林生态系统的影响[J]. 热带林业,42(4):
  34-38.

杨红卫,童小华,2014. 高分辨率影像的橡胶林分布信息提取[J]. 武汉大学学报(信息科学版),39
  (4):411-416,421.

杨铨,1987. 几种气象因子与产胶量的关系[J]. 中国农业气象,8(1):42-44.

杨少琼,莫业勇,范恩伟,1995. 台风对橡胶树的影响[J]. 热带作物学报,16(1):17-28.

于莉莉,孙立双,张丹华,等,2020. 基于 Google Earth Engine 的环渤海地区土地覆盖分类[J]. 应
  用生态学报,31(12):4091-4098.

于泸宁,李伟光,1985. 农业气候资源分析和利用[M]. 北京:气象出版社:1-2.

余凌翔,朱勇,鲁韦坤,等,2013. 基于 HJ-1CCD 遥感影像的西双版纳橡胶种植区提取[J]. 中国农
  业气象,34(4):493-497.

余卓桐,罗大全,谢艺贤,等,2006. 橡胶树主要病害防治决策模型研究[J]. 中国热带农业(3):
  26-29.

袁海燕,张晓煜,徐华军,等,2011. 气候变化背景下中国农业气候资源变化 V. 宁夏农业气候资源
  变化特征[J]. 应用生态学报,22(5):1247-1254.

曾辉,黄冠胜,林伟,等,2007. 南美叶疫病菌适生因子及地理分布[J]. 植物保护(6):22-25.

曾宪海,林位夫,谢贵水,2003. 橡胶树旱害与其抗旱栽培技术[J]. 热带农业科学,23(3):52-59.

张峰,吴炳方,刘成林,等,2004. 利用时序植被指数监测作物物候的方法研究[J]. 农业工程学报,20(1):155-159.

张慧君,华玉伟,徐正伟,等,2014. 巴西橡胶树产胶量与气象因子的关系[J]. 热带农业科学,34(3):1-3.

张继权,李宁,2007. 主要气象灾害风险评价与管理的数量化方法及其应用[M]. 北京:北京师范大学出版社.

张建军,马晓群,许莹,2013. 安徽省一季稻生长气候适宜性评价指标的建立与试用[J]. 气象,39(1):88-93.

张箭,2015. 试论中国橡胶(树)史和橡胶文化[J]. 中国农史,34(4):72-87.

张京红,陶忠良,刘少军,等,2010. 基于 TM 影像的海南岛橡胶种植面积信息提取[J]. 热带作物学报,31(4):661-665.

张京红,刘少军,田光辉,等,2011. 基于可拓理论的台风灾害评估技术研究-以海南岛为例[J]. 热带作物学报,32(8):1579-1583.

张京红,刘少军,2013. 基于 GIS 的海南岛橡胶林风害评估技术及应用[J]. 自然灾害学报,22(4):175-181.

张京红,张明洁,刘少军,等,2014. 风云三号气象卫星在海南橡胶林遥感监测中的应用[J]. 热带作物学报,35(10):2059-2065.

张开明,2006. 橡胶树白根病[J]. 热带农业科技报,29(4):33-34.

张明洁,张京红,刘少军,等,2015. 中国橡胶气象研究进展概述[J]. 中国农学通报,31(29):191-197.

张明伟,2006. 基于 MODIS 数据的作物物候期监测及作物类型识别模式研究[D]. 武汉:华中农业大学.

张希财,谢贵水,2018. 我国植胶区高产橡胶园产量状况和栽培措施[J]. 中国热带农业(6):6-9.

张霞,帅通,杨航,等,2010. 基于 MODIS EVI 图像时间序列的冬小麦面积提取[J]. 农业工程学报,26(S1):220-224.

张晓煜,陈豫英,苏占胜,等,2001. 宁夏主要作物霜冻遥感监测研究[J]. 遥感技术与应用(1):32-36.

张学霞,葛全胜,郑景云,2003. 遥感技术在植物物候研究中的应用综述[J]. 地球科学进展,18(4):534-544.

张雪芬,郑有飞,王春乙,等,2009. 冬小麦晚霜冻害时空分布与多时间尺度变化规律分析[J]. 气象学报,67(2):321-330.

张亚杰,陈升孛,吴慧,等,2017. 对南海不同区域热带气旋气候特征的分析[J]. 海南大学学报:自然科学版,35(1):44-53.

张玉环,2017. 国外农业天气指数保险探索[J]. 中国农村经济(12):81-92.

张忠伟,2011. 基于 RS 与 GIS 海南岛台风灾害对橡胶影响的风险性评价研究[D]. 海口:海南师范大学.

赵珊珊,高歌,黄大鹏,等,2017. 2004—2013 年中国气象灾害损失特征分析[J]. 气象与环境学报,33(1):101-107.

郑启恩,符学知,2009. 橡胶树寒害的发生及预防措施[J]. 广西热带农业(1):29-30.

中国保监会,2015. 中国保监会关于做好农业气象灾害理赔和防灾减损工作的通知 [EB/OL].
    http://www. gov. cn/xinwen/2015-10/13/content_2945749. htm,2020-6-25.

中国气象局气候变化中心,2020. 中国气候变化蓝皮书(2020)[M]. 北京:科学出版社.

周红妹,杨星卫,1998. 应用遥感方法动态求取小麦油菜面积[J]. 上海农业学报,14(3):1-4.

周兆德,2010. 热带作物环境资源与生态适宜性研究[M]. 北京:中国农业出版社.

朱文泉,陈云浩,潘耀忠,等,2004. 基于 GIS 和 RS 的中国植被光利用率估算[J]. 武汉大学学报
    (信息科学版),29(8):694-698,714.

CHEE K H,1976. Factors affecting discharge,germination and viability of spores of Microcyclus ul-
    ei[J]. Transactions of the British Mycological Society,66(3):499-504.

CHEE K H,DARMONO T W,ZHANG K M,et al,1985. Leaf development and spore production
    and germination after infection of Hevea leaves by *Microcyclus ulei*[J]. Journal of the Rubber Re-
    search Institute of Malaysia,33:124-127.

CHEE K H, HOLLIDAY P,1986. South American Leaf Blight of Hevea rubber[R]. Malaysian
    Rubber Research and Development Board Monograph No. 13:50. Malaysian Rubber Research and
    Development Board.

CHEN B Q ,CAO J H,WANG J K,et al,2012. Estimation of rubber stand age in typhoon and chill-
    ing injury afflicted area with Landsat TM data:A case study in Hainan Island,China[J]. Forest
    Ecology and Management,274:222-230.

DONG J W,XIAO X M,SHELDON S,et al,2012. Mapping tropical forests and rubber plantations
    in complex landscapes by integrating PALSAR and MODIS imagery[J]. ISPRS Journal of Photo-
    grammetry and Remote Sensing,74:20-33.

FRASER E D G,TERMANSEN M,SUN N,et al. 2008. Quantifying socioeconomic characteristics
    of drought-sensitive regions:Evidence from Chinese provincial agricultural data[J]. Comptes Ren-
    dus Geoscience,340:679-688.

GUYOT J ,CONDINA V ,FABIEN D,et al,2010. Segmentation applied to weather-disease rela-
    tionships in South American leaf blight of the rubber tree[J]. European Journal of Plant Patholo-
    gy,126(3):349-362.

HOLLIDAY P,1970. South American leaf blight (Microcyclus ulei) of Hevea brasiliensis[J]. Phy-
    topathology Papers,12:1-31.

JAIMES Y,ROJAS J,CILAS C,et al,2016. Suitable climate for rubber trees affected by the South
    American Leaf Blight (SALB):Example for identification of escape zones in the Colombian mid-
    dle Magdalena[J]. Crop Protection,81:99-114.

JONSSON P,EKLUNDH L,2002. Seasonality extraction by function fitting to time series of satel-
    lite sensor data[J]. IEEE Transactions on Geoscience and Remote Sensing,40(8):1824-1832.

JONSSON P,EKLUNDH L,2004. TIMESAT-a program for analyzing time-series of satellite sen-
    sor data[J]. Computers & Geoscienses,30:833-845.

KAEWCHAI S,SOYTHONG K,2010. Application of biofungicides against Rigidoporus microporus causing white root disease of rubber trees[J]. Journal of Agricultural Technology,6(2):349-363.

KOU W,LIANG C,WEI L,et al,2017. Phenology-based method for mapping tropical evergreen forests by Integrating of MODIS and Landsat imagery [J]. Forests,8(2):34.

KOU W,DONG J,XIAO X,et al,2018. Expansion dynamics of deciduous rubber plantations in Xishuangbanna,China during 2000—2010 [J]. GIScience & Remote Sensing,55(6):905-925.

LIYANAGE K K,KHAN S,MORTIMER P E,et al,2016. Powdery mildew disease of rubber tree [J]. Forest Pathology,46:90-103.

LIYANAGE K K,KHAN S,BROOKS S,et al,2018. Morpho-molecular characterization of two ampelomyces spp. (pleosporales) strains mycoparasites of powdery mildew of Hevea brasiliensis [J]. Frontiers in Microbiology,9:12.

OGBEBOR N O,ADEKUNLE A T,EGHAFONA O N,et al,2013. Incidence of Rigidoporus lignosus (Klotzsch) Imaz. of para rubber in Nigeria[J]. Researcher,5(12):181-184.

OGHENEKARO A O,DANIEL G,ASIEGBU F O,2015. The saprotrophic wood-degrading abilities of Rigidoporus microporus[J]. Silva Fennica,49(4):1-10.

PRIYADARSHAN P M. 2017. Biology of Hevea rubber(second edition)[M]. Cham,Switzerland: Springer Nature.

RAZALI S M,MARIN A,NURUDDIN A A,et al,2014. Capability of integrated MODIS imagery and ALOS for oil palm,rubber and forest areas mapping in tropical forest regions [J]. Sensors,14 (5):8259-8282.

RIVANO F,MALDONADO L,SIMBANAB,et al,2015. Suitable rubber growing in Ecuador: An approach to South American leaf blight[J]. Industrial Crops and Products,66:262-270.

RIVANO F,VERA J,CEVALLOS V,et al. 2016. Performance of 10 Hevea brasiliensis clones in Ecuador,under South American Leaf Blight escape conditions[J]. Industrial Crops and Products, 94:762-773.

SATCHITHANANTHAM S,RANJAN R S. 2015. Evaluation of DRAINMOD for potato crop under cold conditions in the Canadian prairies[J]. Transactions of the ASABE,58:307-317.

SAVITZKY A, GOLAY M J E, 1964. Smoothing and differentation of data by simplified least squares procedures[J]. Analytical Chemistry,36:1627-1639.

SENF C,PFLUGMACHER D, VAND L,et al,2013. Mapping rubber plantations and natural forests in Xishuangbanna (southwest China)using multi-spectral phenological metrics from MODIS time series [J]. Remote Sensing,5(6):2795-2812.

SIMELTON E,FRASER E D G,TERMANSEN M,et al. 2009. Typologies of crop-drought vulnerability:an empirical analysis of the socio-economic factors that influence the sensitivity and resilience to drought of three major food crops in China (1961-2001)[J]. Environmental Science &Policy,12:438-452.

SIRI-UDOM S,SUWANNARACH N,LUMYONG S,2017. Applications of volatile compounds acquired from Muscodor heveae against white root rot disease in rubber trees (Hevea brasiliensis Müll. Arg.) and relevant allelopathy effects[J]. Fungal Biology,121(6-7):573-581.

TSUYOSHI K,SHINICHIRO O,HIROTOMO A,2002. Asymmetric gaussian and its application to pattern recognition[J]. Structural,Syntactic,and Statistical Pattern Recognition,2396:405-413.

ZHAI D L,YU H,CHEN S C,et al,2019. Responses of rubber leaf phenology to climatic variations in Southwest China [J]. International Journal of Biometeorology,63(5):607-616.

ZHANG J,OKADA N,TATANO H,et al. 2004. Damage evaluation of agro-meteorological hazards in the maize-growing region of Songliao Plain,China:Case study of Lishu County of Jilin Province [J]. Natural Hazards,31:209-232.

ZHANG X Y,FRIEDL M A,SCHAAF C B,et al,2003. Monitoring vegetation phenology using MODIS [J]. Remote Sensing of Environment,84(3):471-475.